装配式建筑建造系列教材

U0169428

装配式建筑项目管理

主　编　庞业涛

副主编　何君莲　张　林

主　审　赵顺峰

西南交通大学出版社

·成　都·

图书在版编目（ＣＩＰ）数据

装配式建筑项目管理 / 庞业涛主编. —成都：西
南交通大学出版社，2020.8（2022.8 重印）
装配式建筑建造系列教材
ISBN 978-7-5643-7547-8

Ⅰ. ①装… Ⅱ. ①庞… Ⅲ. ①装配式构件 – 建筑施工
– 项目管理 – 教材 Ⅳ. ①TU712.1

中国版本图书馆 CIP 数据核字（2020）第 156663 号

装配式建筑建造系列教材
Zhuangpeishi Jianzhu Xiangmu Guanli
装配式建筑项目管理

主　编／庞业涛

责任编辑／李　伟
助理编辑／王同晓
封面设计／吴　兵

西南交通大学出版社出版发行

（四川省成都市金牛区二环路北一段 111 号西南交通大学创新大厦 21 楼　610031）
发行部电话：028-87600564　028-87600533
网址：http://www.xnjdcbs.com
印刷：成都中永印务有限责任公司

成品尺寸　185 mm×260 mm
印张　14.25　　字数　354 千
版次　2020 年 8 月第 1 版　　印次　2022 年 8 月第 2 次

书号　ISBN 978-7-5643-7547-8
定价　45.00 元

前　言

装配式建筑是建造方式的重大变革，国家正在大力发展装配式建筑，促进建筑业转型升级、实现建筑产业现代化。《国务院办公厅关于促进建筑业持续健康发展的意见》提出，要坚持标准化设计、工厂化生产、装配化施工、一体化装修、信息化管理、智能化应用，推动建造方式创新，不断提高装配式建筑在新建建筑中的比例。力争用10年左右的时间，使装配式建筑面积占新建建筑的比例达到30%。住房城乡建设部印发《"十三五"装配式建筑行动方案》《装配式建筑示范城市管理办法》《装配式建筑产业基地管理办法》系列文件，全面推进装配式建筑发展。全国部分省、自治区和直辖市也印发了各省（区、市）装配式建筑发展的实施意见，要求大力发展装配式建筑。装配式建筑是建筑业向制造业的跨界，装配式建筑项目管理系统性很强，彻底改变了原来的设计方、生产方和施工方之间的关系，在前期策划、质量管理、进度管理、成本管理、安全管理等方面提出了更高的要求，传统的项目管理教材已经无法满足装配式建筑项目管理的教学需要。

装配式建筑项目管理与传统工程项目管理有较大差异，各省市装配式建筑发展极不均衡，各地出台的装配式建筑相关标准规范也不尽相同，装配式建筑项目管理需要进行系统性梳理整合。《装配式建筑项目管理》一书出版，必将对装配式建筑技能型人才培养起到促进和引领作用。

本教材由重庆建筑科技职业学院庞业涛担任主编，重庆建筑科技职业学院何君莲、江苏中南建筑产业集团有限责任公司张林担任副主编，深圳市花样年地产集团有限公司赵顺峰担任主审。庞业涛编写第一章、第二章、第三章、第四章、第五章、第六章、第七章、第十章，重庆建筑科技职业学院何君莲、文真、王汁汁、王仪萍编写第八章、第九章。教材编写过程中，深圳市花样年地产集团有限公司赵顺峰、江苏中南建筑产业集团有限责任公司张林、中建科技徐州有限公司吕飞、徐州方正会计师事务所王利军提供了大量的资料，并参与部分章节的编写指导与修改。庞业涛、何君莲负责全书统稿。

本书在编写过程中，编者查阅了大量装配式建筑相关的标准与规范，装配式建筑专业书籍、论文以及企业内部技术资料，引用了其中一些图表及内容，在此向原作者致以衷心的感谢。

由于装配式建筑发展很快，现行国家及地区的有关政策文件、标准不断更新，各地管理措施及安装施工方法不尽相同，加之编者水平有限，时间仓促，书中难免存在缺漏和错误之处，敬请广大读者和专家批评指正。

编　者

2020 年 7 月

目　录

第一章　装配式建筑项目管理基础

目前，国家正在大力发展装配式建筑，转变建筑业的生产方式，努力实现建筑行业的转型升级。相比传统现浇的建造方式，装配式建筑具有建筑质量高、建设速度快、节省成本多、环保效益好等优势，同时也对项目管理提出了新的要求。本章主要介绍装配式建筑和装配式建筑项目管理的基本知识。

第一节　装配式建筑简介

一、装配式建筑的概念

装配式建筑是指将建筑的部分或全部构件在工厂预制完成，然后运至施工现场，将构件通过可靠的连接方式组装而成的建筑。装配式建筑有两个主要特征：第一个特征是构成建筑的主要构件特别是结构构件是预制的；第二个特征是预制构件的连接方式必须是可靠的。

二、传统建造方式与装配建造方式的区别

建筑生产方式的转变带来建筑生成流程的调整，由传统现浇混凝土结构环节转为预制构件厂生产，增加了预制构件的运输和堆放流程，最后在施工现场吊装就位，连接后现浇成整体结构，见图1-1和图1-2。装配式建筑设计阶段是工程项目的起点，对项目成本和整体工期以及质量起到决定性的作用，它比传统建筑设计增加了深化设计环节和预制构件的拆分设计环节。

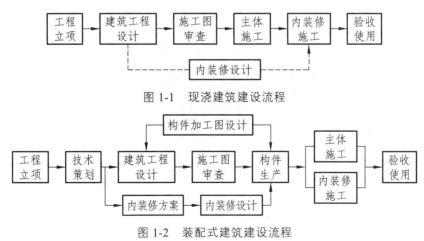

图 1-1　现浇建筑建设流程

图 1-2　装配式建筑建设流程

从建设过程与管理来看，装配式建造方式与传统现浇建造方式对比见表 1-1。

表 1-1 传统现浇建造方式与装配式建造方式的区别

内 容	传统现浇建造方式	装配式建造方式
设计阶段	设计与生产、施工脱节	一体化、信息化协同设计
施工阶段	现场湿作业、手工操作	装配化、专业化、精细化
装修阶段	毛坯房、二次装修	装修与主体结构同步
验收阶段	分部、分项抽验	全过程质量控制
管理阶段	以农民工劳务分包为主追求各自利益	工程总承包管理，全过程追求整体效益最大化

装配式建筑更多是一种理念的推广，而不仅仅是技术方面的推广，可以肯定的是它将彻底改变当前建筑业的建造方式。简单概括装配式建筑和传统建筑的差别：

第一，装配式建筑必须要做到设计施工的一体化，集约利用资源，前端要考虑后端，后端要考虑前端，把整个建筑产品变成一种最终的产品，而不是个半成品。

第二，工业化手段的介入，预制构件，包括现场机械化程度的提高，以替换现场的手工业作业。

第三，信息化的结合，建筑工程从设计到建造包含了大量数据，用信息化技术把数据系统化，建立数据库，数据的沉淀有助于后续工程项目逐渐完善。

三、装配式建筑的特征

装配式建筑以"五化一体"的建造方式为典型特征，即标准化设计、工厂化生产、装配化施工、一体化装修和信息化管理（分别如图 1-3 ~ 图 1-7）。

（一）标准化设计

综上所述，装配式建筑的核心是"集成"，装配式建筑设计的理念为技术前置、管理前移、同步设计、协同合作，体现为标准化、模数化的设计方法（见图 1-3）。

图 1-3 标准化设计

（1）施工图设计标准化。施工图设计需考虑工业化建筑进行标准化设计，通过标准化的模数、标准化的构配件、合理的节点连接进行模块组装，最后形成多样化及个性化的建筑整体。

（2）构件拆分设计标准化。构件厂根据设计图纸进行预制构件的拆分设计，构件的拆分在保证结构安全的前提下，尽可能减少构件的种类，减少工厂模具的数量。

（3）节点设计标准化。预制构件与预制构件、预制构件与现浇结构之间节点的设计，需参考国家规范图集并考虑现场施工的可操作性，保证施工质量，同时避免复杂连接节点造成现场施工困难。

（二）工厂化生产

装配式建筑与传统现浇结构不同之处就是建筑生产方式发生了根本性变化，由过去的以现场手工、现场作业为主，向工业化、专业化、信息化生产方式转变。相当数量的建筑承重或非承重的预制构件和部品由施工现场现浇转为工厂化方式提前生产，是专业工厂制造和施工现场建造相结合的新型建造方式（见图 1-4）。工厂化生产全面提升了建筑工程的质量效率和经济效益。工厂化生产的优点：

（1）标准化程度高（工艺设置标准化，工序操作标准化）。

（2）机械化程度高（生产效率高，减少用工量）。

（3）产品质量有保证（内控体系）。

（4）受气候影响小（室内作业）。

图 1-4　工厂化生产

工厂化生产带来五个方面的转变：手工生产→机械生产，工地生产→工厂生产，现场制作→现场装配，农民工→产业工人，污染施工→环保施工。

（三）装配化施工

装配式建筑装配化施工强调现场施工机械化，施工现场的主要工作是对预制构件进行拼装，与传统现浇相比较，重大区别是施工总平面的布置和吊装施工。

1. 平面布置

（1）道路布置：现场施工道路需尽量设置为环形道路，其中构件运输道路需根据构件运输车辆载重设置成重载道路；道路尽量考虑永临结合并采用装配式路面。

（2）堆场布置：吊装构件堆放场地要以满足 1 天施工需要为宜，同时为以后的装修作业和设备安装预留场地。预制构件堆场构件的排列顺序需提前策划，提前确定预制构件的吊装顺利，按先起吊的构件排布在最外端进行布置。

（3）大型机械：根据最重预制构件重量及其位置进行塔式起重机选型，使得塔式起重机能够满足最重构件起吊要求。

2. 吊装施工

提前策划单位工程标准层预制构件的吊装顺序，构件出厂顺序与吊装顺序一致，保证现场吊装的有序进行。

预制构件吊装顺序为：预制墙体→叠合梁→叠合板→楼梯→阳台→空调板。

外墙吊装顺序为先吊外立面转角处外墙，将转角处外墙作为其余外墙吊装的定位控制基准，预制装配式外墙板（PCF 板）在两侧预制外墙吊装并校正完成之后进行安装。

叠合梁、叠合板等按照预制外墙的吊装顺序分单元进行吊装，以单元为单位进行累积误差的控制（见图 1-5）。

图 1-5　装配化施工

（四）一体化装修

装配式建筑强调结构主体与建筑装饰装修、机电管线预埋一体化，实现了高完成度的设计及各专业集成化的设计（见图 1-6）。外墙门窗及外墙饰面砖随预制外墙同步工厂化生产，避免后期装修；采用夹心保温外墙板，外墙保温工程不单独施工；现浇部分采用铝模施工，与装配式结构结合，可避免后期抹灰，并可直接进行墙体装饰面的施工；水电等设备专业线盒在预制构件内预埋，避免后期剔凿。

图 1-6　一体化装修

（五）信息化管理

建造过程信息化，需要在设计建造过程中引入信息化手段，采用 BIM（建筑信息模型）技术，进行设计、施工、生产、运营与项目管理全产业链整合（见图 1-7）。通过 BIM 技术对现场进行建模应用，模拟施工现场，对预制构件进行深化设计、模拟施工进度及构件吊装；对现场进行实时视频监控；预制构件内预埋芯片实时跟踪预制构件在生产、出厂、卸车、安装及验收的状态。

图 1-7　信息化管理

第二节　装配式建筑项目管理概述

一、装配式建筑项目管理的内容

根据第一节所述，装配式建筑与传统现浇建筑区别很大。因此，装配式建筑项目管理也有别于传统的建筑项目管理。装配式建筑项目管理应根据项目管理规划大纲和项目管理实施规划所明确的管理计划和管理内容进行管理。项目管理内容包括：质量管理、进度管理、成本管理、安全文明管理、环境保护与绿色施工管理、合同管理、信息化管理、沟通协调等。装配式建筑项目管理中的施工管理不仅仅是施工现场的管理，而是包括工厂化预制管理在内的整个工程施工的全过程管理和有机衔接。

（一）质量管理

装配式混凝土结构是建筑行业由传统的粗放型生产管理方式向精细化方向转型发展的重要标志，相应的质量精度要求由传统的厘米级提升至毫米级的水平，因此，对施工管理人员、施工设备、施工工艺等均提出了较高的要求。

装配式建筑项目施工的质量管理必须涵盖构件生产、构件运输、构件进场、构件堆置、构件吊装就位、节点施工等一系列过程，质量管控人员的监管及纠正措施必须贯穿始终。预制构件生产必须对每个工序进行质量验收，尤其对与吊装精度息息相关的预埋件、出筋位置、平面尺寸等严格按照设计图纸及规范要求进行验收。预制构件运输应采用专用运输车辆，构件装车时必须按照设计要求设置搁置点，搁置点应满足运输过程中构件强度的要求。构件进场后，必须对预埋件、出筋位置、外观、平面尺寸等进行逐一验收。构件堆放必须符合相关标准和规范所规定的要求，地面应硬化，硬化标准应按照堆放构件的种类和重量进行设计，并确保具有足够的承载力。对于外墙板，应使用专用堆置架，并对边角、外饰材、防水胶条等加强保护。

竖向受力构件的连接质量与预制建筑结构安全密切相关，是质量管理的重点。竖向受力构件之间的连接一般采用灌浆连接技术，灌浆的质量直接影响到整个结构的安全性，因此必须进行重点监控。灌浆应对浆料的物理化学性能、浆液流动性、28 天强度、灌浆接头同条件试样等进行检测，同时对于灌浆过程，应进行全程旁站式施工质量监管，确保灌浆质量满足设计要求。

精细化质量管理对人员素质、施工机械、施工工艺要求极高，因此施工过程中必须由专业的质量管控人员全程监控，施工操作人员必须为专业化作业人员，施工机械必须满足装配式建筑施工精度要求并具备施工便利性，施工工艺必须先进和可靠。

（二）进度管理

装配式建筑施工进度管理应采用日进度管理，将项目整体施工进度计划分解至日施工计划，以满足精细化进度管理的要求。构件之间装配及预制和现浇之间界面的协调施工直接关系到整体进度，因此必须做好构件吊装次序、界面协调等计划。装配式建筑与传统建筑施工进度管理对垂直运输设备的使用频率相差极大，装配式建筑对垂直运输设备的依赖性非常大，因此必须编制垂直运输设备使用计划，计划编制时应将构件吊装作业作为最关键作业内容，并精确至日、小时，最终以每日垂直运输设备使用计划指导施工。

（三）成本管理

装配式建筑的成本管理主要包括预制厂内成本管理、运输成本管理及现场吊装成本管理。厂内成本管理主要受制于模具设计、预埋件优化、生产计划合理化等内容，模具设计在满足生产要求下，应做到数量最少化、效率最大化，同时合理安排生产计划，尽可能提高模板的周转次数，降低模具的摊销费用。运输成本主要与运距有关，因此，预制厂选址时必须考虑运距的合理性和经济性，预制厂与施工现场的最大距离不宜超过 80 km。现场吊装成本主要包括垂直运输设备、堆场及便道、吊装作业、防水等成本，此阶段成本控制应在深化设计阶段即对构件的拆分、单块构件重量、最大构件单体重量等进行优化，尽可能降低垂直运输、堆场及便道的标准，降低此部分的施工成本。

（四）安全文明管理

起重吊装作业贯穿于装配式建筑项目的主体结构施工全过程，作为安全生产的重大危险源，必须重点管控，并结合装配式建筑施工特色引进旁站式安全管理、新型工具式安全防护系统等先进安全管理措施。

装配式建筑所用构件种类繁多、形状各异，重量差异也较大，因此对于一些重量较大的异形构件，应采用专用的平衡吊具进行吊装。由于起重作业受风力影响较大，现场应根据作业层高度设置不同高度范围内的风力传感设备，并制定各种不同构件吊装作业的风力受限范围，在预制构件吊装的规划中应予以明确并实施管理。在施工中应结合装配式建筑的特色合理布置现场堆场、便道和建筑废弃物的分类存放与处置。有条件的尽可能使用新型模板、标准化支撑体系等，以提高施工现场整体文明施工水平，达到资源重复利用的目的。

由于装配式建筑施工的特殊性，相关施工作业人员必须配置完整的个人作业安全防护装备并正确使用。一般的安全防护用品应包括但不限于安全帽、安全带、安全鞋、工作服、工具袋等施工必备的装备。装配式建筑施工管理人员及特殊工种等有关作业人员必须经过专项安全培训，在取得相应的作业资格后方可进入现场从事与作业资格对应的工作。对于从事高空作业的相关人员，应定期进行身体检查，对有心脑血管疾病史、恐高症、低血糖等病症的人员一律严禁从业。

（五）环境保护与绿色建造管理

装配式建筑是绿色、环保、低碳、节能型建筑，是建筑行业可持续发展的必由之路。以人为本、发展绿色建筑，特别是住宅项目把节约资源和保护环境放在突出的位置，大大地推动了绿色建筑的发展。装配式建筑施工技术使施工现场作业量减少、施工现场更加简洁，采用高强度自密实商品混凝土大大减少了噪声、粉尘等污染，最大限度地减少了对周边环境的污染，让周边居民享有一个更加安宁整洁的无干扰环境。装配式建筑由干式作业取代了湿式作业，现场施工的作业量和污染排放量明显减少，与传统施工方法相比，建筑垃圾大大减少，如图1-8所示。

图1-8　装配式施工现场与传统式现浇施工现场对比

绿色建造管理针对装配式建筑主要体现在现场湿作业减少，木材使用量大幅下降，现场的用水量也大幅降低。通过对预制率和预制构件分布部位的合理选择，以及现场临时设施的重复利用，并采取节能、节水、节材、节地、节时和环保（即"五节一环保"）的技术措施，达到绿色施工的管理要求。

二、装配式建筑项目管理的特点

装配式建筑是一种现代化的生产方式的转变，装配式建筑项目管理具有明显区别于传统现浇建筑项目管理的特点。

（一）全过程性

装配式建筑的工程项目管理模式不同于传统现浇建筑的管理模式，正在逐步地由单一的专业性管理向综合各个阶段管理的全过程项目管理模式发展，充分体现了项目管理全过程性的特点。装配式建筑项目摒弃原有现浇项目的策划、设计、施工、运营，分别由不同单位各自管理的模式，整合所有相关专业部门积极参与到项目策划、设计、施工和运营的整个过程，强调工程系统集成与工程整体优化，突显了全过程项目管理的优势。

（二）精益建造理念

精益建造对施工企业产生了革命性的影响，现在精益建造也开始在建筑业应用。特别是装配式建筑工程中，部分预制构件和部品由相关专业生产企业制作，专业生产企业在场区内通过专业设备、专业模具，由经过培训的专业操作工人加工预制构件和部品，并运输到施工现场；在施工现场经过有组织科学安装，可以最大限度地满足建设方或业主的需求；同时改进工程质量，减少浪费，保证项目完成预定的目标并实现所有劳动力工程的持续改进。精益建造对提高生产效益是显而易见的，它为避免大量库存造成的浪费，可以按所需及时供料。它是强调施工中的持续改进和零缺陷，不断提高施工效率，从而实现建筑企业利润最大化的系统性的生产管理模式。精益建造更强调面向建筑产品的全生命周期进行动态控制，更好地保证项目完成预定的目标。

（三）信息化管理

装配式建筑"设计、生产、装配一体化"的实现需要设计、生产、装配过程的BIM信息技术应用。基于BIM的一体化信息管理平台，可以实现对装配式建筑设计、生产、装配全过程的采购、成本、进度、合同、物料、质量和安全的信息化管理，最终实现项目资源全过程的有效配置。

（四）协同管理

从建造过程来看，装配式建筑项目区别于传统的"设计＋施工"的建造模式，需要利用BIM技术将设计、生产、施工、装修和管理的全过程进行集成，在这个过程中，不但需要实现装配式建筑设计阶段各专业的协同管理，充分考虑到建筑、结构、给排水、供暖、通风空调、强电、弱电等专业前期在施工图纸上高度融合；而且还要提升项目设计、生产、施工、装修、运营管理等各环节的协同管理。比如，施工组织管理应提前介入施工图设计及深化设计和构件拆分设计，使得设计差错尽可能少，生产的预制构件规格尽可能少，预制构件重量同运输和吊装机械相匹配，施工安装效率高，模板和支撑系统便捷，建造工期适当缩短。从横向来看，项目建设及管理的各个阶段均需要实现进度、成本、质量等的协调管理。

三、装配式建筑与 BIM、EPC（工程总承包）的关系

通过 BIM 一体化设计技术、BIM 工厂生产技术和 BIM 现场装配技术的应用，设计、生产、

装配环节的数字化信息会在项目的实施过程中不断地产生，实现了协同。因此，装配式建筑需要建立基于 BIM 的信息化管理平台，建立一个数据中心作为工程项目 BIM 设计、生产、装配信息的运算服务支持，通过该平台可以形成企业资源数据库，并实现协同办公。

EPC 是装配式建筑的关键，这是由传统的生产方式和新型装配建筑这种新的模式的区别所决定的。过去传统的模式是分散的，相对资源是粗放的，管理是各自管各自的，而新型装配式建筑是需要集约的。通过基于 BIM 的一体化信息管理平台，EPC 工程建造一体化管理可以实现对装配式建筑设计、生产、装配全过程的采购、成本、进度、合同、物料、质量和安全的信息化管理，最终实现项目资源全过程的有效配置。详见本书第二章第四节。

BIM 技术协同和集成的理念与装配式建筑一体化建造的思路高度融合，特别是在 EPC 管理模式下，基于 BIM 的装配式建筑信息化应用的优势越发突出。结合 BIM 技术的发展状况和装配式建筑的系统性特征，借助 BIM 等信息化技术将各环节、各专业、各参与方的信息屏障打通，进而推进装配式建筑一体化建造的实施和推广，实现我国建筑工业化和信息化的深度融合。

四、装配式建筑项目管理中面临的问题

（一）管理方面

产业管理不完善。装配建筑产品项目的实施，需要设计、生产、施工、后期维护等环节配套。目前，国内只有少数企业拥有优质预制构件生产能力。同时，产业配套跟不上，缺乏配合的设计单位及施工企业形成整个产业链，所以无法满足装配式建筑产品项目开发需要。对开发商来说，只有少数开发企业有足够的资金及管理能力发展装配式建筑，多数企业缺乏装配式建筑的建设能力。上下游产业链不完善，装配式建筑生产过程包括建筑产品的前期研发、设计，到施工、后期运营维护，其中涉及的企业包括业主、设计单位、构件生产工厂、施工单位等，所有的上下游企业形成一条完整的产业链，而现在建筑产品产业链还不够成熟。

市场机制处于条块分割状态。施工、建设、监理、设计单位习惯于现浇管理的模式，对后续的工作，有问题才解决，对质量的预控能力不足。预制构件的深化设计与现浇部分融合度不高；施工单位对构件综合性能缺乏相应的指导能力，且统筹不足；而构件厂缺乏对产品的综合设计能力，对预制构件的节点连接基础研究不够深入；对节点连接、抗震等考虑不周，导致产品被动适应市场，对装配式发展形成严重的障碍；构件深化设计需要提前进行，拆分不合理对项目的经济性、顺畅性以及最终的工程质量产生负面影响，而目前的市场难以与之适应。

质量责任界面有待进一步理清。装配式建筑施工质量、生产综合管理规范缺失，参建各方相关管理职责、制度、管理工作标准、流程不够明确。装配式建筑需要各单位紧密配合，而在市场运行机制方面，设计、施工和构件企业、深化设计单位处于条块分割状态，导致质量责任界面不够清晰。如出现渗水现象，责任是设计、施工还是构件厂，目前还没有成熟的确认方式。

管理体系难以很快与之适应。装配整体项目是系统性工程，项目管理中对协调性要求很高，这对相关企业的管理能力和管理手段提出了更高的要求。而目前的管理体系，仍处于"现

浇"管理阶段，在设计、构件生产、施工前后之间缺乏整体的思维和管理方法，管理体系需要结合 BIM 技术、智能化管理等手段进一步提升。

（二）技术方面

技术缺乏系统性、整体性。装配整体式建筑质量难保障，不仅是预制构件的组装问题，还涉及如水电安装配套技术、运输工具、吊装技术、固定连接技术等诸多因素。这些技术虽然现在已经成熟，但是，更需要的是这些技术的集成和配套。目前，相关技术标准化程度不高，影响了部品、部件的标准化和配套技术的集成，阻碍了质量的提高。

配套的规范标准体系仍缺失。在现场实际操作方面，现行的安全专业技术标准与装配整体式施工结合仍不足，在安全防护、模板支撑、脚手架、机械机具管理等方面仍不健全。装配式建筑的质量检查、验收和管理不少是套用现浇结构。如对套筒连接仍缺乏完善的检查手段，对灌浆密实程度缺乏必要的保证措施和检查手段。

（三）设计方面

深化设计是制作预制构件的必要步骤。但传统的预制构件厂和设计院要么不具备成熟稳定的深化设计模块化的能力，要么不考虑深化设计，由此造成预制构件的生产存在一定偏差，不符合标准。

（四）预制构件生产与运输方面

预制构件质量和供应能力仍需要进一步提升。相对于现浇体系的混凝土，预制构件可供选择的厂家比较少。预制构件具有结构形式复杂、外观质量和尺寸精度要求高、预埋件和预留孔的数量多等特点。很多构件生产厂模具质量很难保证，现阶段还无法实现误差从厘米级到毫米级的跨越。同时，某些工地预制构件还存在构件标识不清楚、粗糙面设置不到位、钢筋留置不规范等问题。

高效的物流体系尚未建立。高效的物流系统可以保证构件及时供应，减少二次搬运，减少预制构件的损坏，降低运输和安装成本，提升安装效率，对提升装配式的最终质量起到相当重要的作用。当前，物料运输系统还不够发达，不当的放置导致运输过程中的损坏还比较多，构件厂、运输过程和施工现场的衔接还不够，运输成本还比较高，不少项目出现构件到位后没处放，安装时构件放置的位置、次序影响安装和施工进度，施工效率不高。

（五）施工方面

节点及灌浆施工不到位。一是结构节点处钢筋穿插数量多，易碰撞，施工中不能准确实现设计对钢筋位置的要求，造成有效高度降低、保护层厚度不一、钢筋间距不能满足规范要求、钢筋锚固长度不足等问题，影响结构的功能。二是钢筋混凝土成型中常用的模板多次使用后板缝较大，易漏浆，尤其节点处模板连接更为困难，难以保证节点尺寸，漏浆更突出。其结果是造成混凝土表面蜂窝、麻面、露筋，甚至出现大的空洞。三是节点处由于钢筋密集，振捣尤为困难，易使节点处的刚度和强度降低。四是灌浆不够密实。现场灌浆未按规范要求设置分仓缝，灌浆密实度难以保证。

抗裂、防渗等措施不力。如预制板沿钢筋方向产生竖向裂缝、安装完毕后在混凝土浇筑过程中产生裂缝等；预制外墙板等处防水薄弱点渗水等质量通病依然存在；施工过程中形成的孔洞未有效封堵，留下渗漏隐患。

（六）现场监管方面

监理、监督措施有缺位现象。采用预制构件，要求监理单位采取驻厂监造、巡回监控的方式，但现实是，由于构件供应紧张，实际监理很难到预制构件生产单位对构件生产质量进行管控。由于装配式建筑不像现浇建筑，在混凝土浇筑前监督人员到现场，对是否符合图纸和规范要求，可以"一目了然"，而装配式建筑缺乏这样的质量控制点，且质量控制点比较分散、隐蔽，总体监督检查困难，短时期内监督人员很难适应。

（七）装配式建筑人才方面

目前，不少开发商缺乏熟悉装配式管理流程的项目负责人，设计单位缺乏与装配式建筑相适应的系统总体集成的"总设计师"，施工单位缺乏与现场管理相适应的实践经验丰富的项目经理，现场技术管理人员对施工流程不够熟悉，能熟练操作的技术工人更是紧缺，熟悉装配式问题和流程的监督人员仍非常有限。

思考题

1. 装配式建筑是什么？
2. 请简述传统建造方式与装配式建造方式的区别。
3. 装配式建筑的特征有哪些？
4. 与传统建筑项目相比，装配式建筑项目管理的特点有哪些？
5. 简述装配式建筑与 BIM、EPC 之间的关系。
6. 装配式建筑项目管理中面临哪些问题？

第二章　装配式建筑项目组织管理

组织管理是装配式建筑项目管理的任务之一，组织管理涉及项目管理机构的建立与运行、团队建设、协调企业内外部关系，保障项目管理顺利运行，实现工期、成本、质量、安全、文明施工、环境保护等项目目标。与传统现浇建筑项目相比，装配式建筑项目管理尤其需要配备专业化的管理队伍，加强企业间及企业内部的沟通协调管理，才能更好地实现项目管理的各种目标。

第一节　装配式建筑项目组织

一、项目管理组织

项目管理组织（项目经理部）是由领导体制、部门设置、层次划分、职责分工、规章制度、工作流程、信息管理系统等构成的有机整体。

施工项目管理组织是指为了实现施工项目管理而建立的组织机构，以及该机构为实现施工项目目标所进行的各项组织工作的总称。

二、施工项目管理组织机构设置程序

施工项目管理组织机构设置程序如图 2-1 所示。

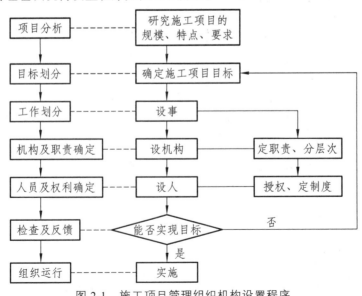

图 2-1　施工项目管理组织机构设置程序

三、施工项目组织形式

施工项目组织形式主要有工作队式、部门控制式、矩阵式、事业部式、直线式和直线职能式。装配式建筑项目管理组织机构设置与工作性质、工程规模有关，也与施工企业的管理习惯和模式有关。

四、施工项目经理部

（一）项目经理部的定义

项目经理部是由项目经理在施工企业的支持下组建并领导进行项目管理的组织机构。它是施工项目现场管理一次性的施工生产组织机构，负责施工项目从开工到竣工的全过程施工生产经营的管理工作。项目经理部由项目经理领导，接受上级企业职能部门的指导、监督、检查、服务和考核，负责对项目资源进行合理使用和动态管理。

（二）项目经理部的作用

（1）负责施工项目从开工到竣工的全过程生产经营的管理，对作业层负有管理和服务的双重职能；

（2）项目经理部是项目经理的办事机构，为项目经理决策提供信息，当好参谋，执行项目经理的决策意图，并向项目经理全面负责；

（3）项目经理部作为项目团队，其任务是完成企业所赋予的完成项目管理目标的基本任务；

（4）施工项目经理部是代表企业履行工程承包合同的主体，是对最终建筑产品向建设单位全面负责的管理实体。

（三）建立项目经理部的基本原则

（1）根据所设计的项目组织形式设置项目经理部；

（2）根据施工项目的规模、复杂程度和专业特点设置项目经理部；

（3）根据项目的进展调整项目经理部；

（4）项目经理部的人员要面向现场，满足现场计划与调度、技术与质量、成本与核算、劳务与物质、安全与文明施工的需要；

（5）应建立有利于项目经理部运转的工作制度。

（四）项目经理部组织机构层次

根据工程的特点，工程项目管理组织机构由三个层次组成：指挥决策层、项目管理层、施工作业层。

1. 指挥决策层

指挥决策层由企业总工程师和经营、质量、安全、生产、物资、设备等部门领导组成，是建筑业企业运用系统的观点、理论和方法对施工项目进行计划、组织、监督、控制、协调等全过程、全方位的管理。

2. 项目管理层

根据工程性质和规模，装配整体式混凝土结构实行项目法施工，成立项目经理部，项目经理部领导由项目经理、技术负责人组成，下设施工、质量、安全、资料、预算合同、财务、材料、设备、计量试验等部门，确保工程各项目标的实现。

3. 施工作业层

施工作业层根据工程进度和规模，由相关专业班组长及各相关专业作业人员组成。传统混凝土结构工程主要有测量工、模板工、钢筋工、混凝土工、砌筑工、架子工、抹灰工及管工、电工、通风工、电焊工、弱电工。装配式建筑除了上述工种以外，还需要机械设备安装工、起重工、安装钳工、起重信号工、建筑起重机械安装拆卸工、室内成套设施安装工，根据装配式建筑特点还需要移动式起重机司机、塔式起重机司机及特有的钢套筒灌浆或金属波纹管灌浆工等。

（五）项目管理制度

1. 施工项目管理制度的概念和种类

施工项目管理制度是施工项目经理部为实现施工项目管理目标，完成施工任务而制定的内部责任制度和规章制度。

（1）责任制度。

责任制度是以部门、单位、岗位为主体制定的制度。责任制度规定了各部门、各类人员应承担的责任（对谁负责？负什么责？），考核标准以及相应的权利和相互协作要求等内容。

（2）规章制度。

规章制度是以各种活动、行为主体，明确规定人们行为和活动不得逾越的规范和准则，任何参与或涉及此事的人都必须遵守。

2. 建立施工项目管理制度的原则

（1）必须以国家的法律、法规、部门规章、规范、标准为依据；

（2）实事求是、符合本项目施工管理需要；

（3）施工项目管理制度要在公司颁布的管理制度基础上制定，要有针对性，各项管理制度要健全配套、覆盖全面，形成完整的体系；

（4）管理制度的颁布、修改、废除要有严格程序。

五、团队建设

装配式建筑从设计、施工到项目交付运营，与传统的项目管理相比都发生了很大的变化，传统的管理人员缺乏工业化的管理思维，对整个装配式建筑设计、生产、施工流程缺乏系统的认识，制约装配式建筑的进一步发展。企业应加大对管理人员的培训力度，塑造一支素质过硬、技术全面、管理能力强的团队。

（1）项目建设相关责任方均应实施项目团队建设，明确团队管理原则，规范团队运行。

（2）项目建设相关责任方的项目管理团队之间应围绕项目目标协同工作并有效沟通。

（3）项目团队建设应符合下列规定：

① 建立团队管理机制和工作模式；

② 各方步调一致，协同工作；

③ 制定团队成员沟通制度，建立畅通的信息沟通渠道和各方共享的信息平台。

（4）项目经理应对项目团队建设和管理负责，组织制定明确的团队目标、合理高效的运行程序和完善的工作制度，定期评价团队运作绩效。

（5）项目经理应统一团队思想，增强集体观念和团队意识，提高团队运行效率。

（6）项目团队建设应开展绩效管理，利用团队成员集体的协作成果。

第二节　项目经理及项目经理责任制

一、施工项目经理

（一）施工项目经理的地位

施工项目经理是施工承包企业法定代表人在施工项目上的委托授权代理人，是对施工项目管理实施阶段全面负责的管理者，在项目管理中具有举足轻重的地位，是项目管理成败的关键。

（1）施工项目经理是施工承包企业法定代表人在施工项目上的委托代理人；

（2）施工项目经理是协调各方面关系的桥梁和纽带；

（3）施工项目经理对项目实施进行控制，是各种信息的集散中心；

（4）施工项目经理是施工项目责、权、利的主体。

（二）项目经理的职责和权限

1. 项目经理应履行的职责

（1）项目管理目标责任书中规定的职责；

（2）工程质量安全责任承诺书中应履行的职责；

（3）组织或参与编制项目管理规划大纲、项目管理实施规划，对项目目标进行系统管理；

（4）主持制定并落实质量、安全技术措施和专项方案，负责相关的组织协调工作；

（5）对各类资源进行质量监控和动态管理；

（6）对进场的机械、设备、工器具的安全、质量和使用进行监控；

（7）建立各类专业管理制度，并组织实施；

（8）制定有效的安全、文明和环境保护措施并组织实施；

（9）组织或参与评价项目管理绩效；

（10）进行授权范围内的任务分解和利益分配；

（12）按规定完善工程资料，规范工程档案文件，准备工程结算和竣工资料，参与工程竣工验收；

（13）接受审计，处理项目管理机构解体的善后工作：

（14）协助和配合组织进行项目检查、鉴定和评奖申报；

（15）配合组织完善缺陷责任期的相关工作。

2. 项目经理的权限

（1）参与项目招标、投标和合同签订；

（2）参与组建项目管理机构；

（3）参与组织对项目各阶段的重大决策；

（4）主持项目管理机构工作；

（5）决定授权范围内的项目资源使用；

（6）在组织制度的框架下制定项目管理机构管理制度；

（7）参与选择并直接管理具有相应资质的分包人；

（8）参与选择大宗资源的供应单位；

（9）在授权范围内与项目相关方进行直接沟通；

（10）法定代表人和组织授予的其他权利。

二、施工项目经理责任制

施工项目经理责任制是指以施工项目经理为主体的施工项目管理目标责任制度。它是以施工项目为对象，以项目经理为主体，以项目管理目标责任书为依据，以获得项目的最佳经济效益为目的，实行从施工项目开工到竣工验收交付使用的施工活动以及项目保修在内的一次性全过程的项目管理制度。

项目经理责任制是施工项目管理的基本制度，是评价项目经理工作绩效的基本依据。项目经理责任制的核心是项目经理承担实现项目管理目标责任书确定的责任。项目经理与项目经理部在工程建设中应严格遵守和实行施工项目管理责任制度，确保施工项目目标全面实现。

三、项目管理目标责任书

项目管理目标责任书（项目经理责任书）是指企业的管理层与项目管理机构（项目经理部）签订的，明确项目管理机构应达到的成本、质量、工期、安全和环境等管理目标及其承担的责任，并作为项目完成后考核评价依据的文件。

1. 项目管理目标责任书的编制依据

（1）项目合同文件；

（2）组织管理制度；

（3）项目管理规划大纲；

（4）组织经营方针和目标；

（5）项目特点和实施条件与环境。

2. 项目管理目标责任书的内容

（1）项目管理实施目标；

（2）组织和项目管理机构职责、权限和利益的划分；

（3）项目现场质量、安全、环保、文明、职业健康和社会责任目标；

（4）项目设计、采购、施工、试运行管理的内容和要求；

（5）项目所需资源的获取和核算办法；

（6）法定代表人向项目经理委托的相关事项；

（7）项目经理和项目经理部应承担的风险：

（8）项目应急事项和突发事件处理的原则和方法；

（9）项目管理效果和目标实现的评价原则、内容和方法；

（10）项目实施过程中相关责任和问题的认定及处理原则：

（11）项目完成后对项目经理的奖惩依据、标准和办法；

（12）项目经理解职和项目管理机构解体的条件及办法；

（13）缺陷责任期、质量保修期及之后对项目管理机构负责人的相关要求。

需要注意的是，装配式建筑项目管理中的项目经理负责制在内容上与传统建筑项目管理类似，但是对项目经理在装配式建筑设计、生产、施工及管理等方面的要求相当高。

第三节　建筑工程项目组织协调、沟通与冲突管理

一、组织协调

协调就是联结、联合、调和所有的活动和力量。组织协调是建筑工程项目管理的一项重要职能，协调工作应贯穿于项目管理的全过程，以排除障碍、解决矛盾、保证项目目标的顺利实现。项目经理部应该在项目实施的各个阶段，根据其特点和主要矛盾，动态地、有针对性地通过组织协调，及时沟通，排除障碍，化解矛盾，充分调动有关人员的积极性，发挥各方面的能动作用，协同努力，提高项目组织的运转效率，以保证项目施工活动顺利进行，更好地实现项目总目标。装配式建筑项目涉及组织协调的范围和深度，要比传统现浇建筑项目大得多。

（一）组织协调的范围和层次

组织协调可以分为组织内部关系协调和组织外部关系协调，外部关系协调又分为近外层关系协调和远外部关系协调，见表2-1。

表 2-1　项目组织协调的范围和层次

协调范围		协调关系	协调对象
内部关系		领导与被领导关系 业务工作关系 与专业公司有合同关系	项目经理部与企业之间 项目经理部内部部门之间、人员之间 项目经理部与作业层之间 作业层之间
外部关系	近外层	直接、间接合同关系或服务关系	本公司、建设单位、监理单位、设计单位、供应商、预制构件生产厂家、分包单位等
	远外层	多数无合同关系但要受法律、法规和社会公德等约束	企业、项目经理部与政府、环保、交通、环卫、环保、绿化、文物、消防、公安等

（二）组织协调的规定

（1）企业应制定项目组织协调制度，规范运行程序和管理。

（2）企业应针对项目具体特点，建立合理的管理组织，优化人员配置，确保组织规范、精简、高效。

（3）项目经理部应就容易发生冲突和不一致的事项，形成预先通报和互通信息的工作机制，化解冲突和不一致的问题。

（4）项目经理部应识别和发现问题，采取有效措施避免冲突升级和扩大。

（5）在项目运行过程中，项目经理部应分阶段、分层次、有针对性地进行组织人员之间的交流互动，增进了解，避免分歧，并进行各自管理部门和管理人员的协调工作。

（6）项目经理部应实施沟通管理和组织协调教育，树立和谐、共赢、承担和奉献的管理思想，提升项目沟通管理绩效。

（三）组织协调内容

工程施工是通过业主、设计、监理、总包、分包、供应商等多家单位合作完成的过程，妥善协调各方的工作和管理，是实现工期、成本、质量、安全、文明施工、环境保护等目标的关键之一。装配式建筑项目各个主体单位组织协调的主要内容如表 2-2 所示。

表 2-2　装配式建筑项目组织协调的主要内容

主　体	协调范围	协调对象	协调主要内容
建设单位	外部关系	施工单位、设计单位	进度目标，如提前预售、分层验收、穿插施工、标准层合理工期；质量目标，如两提两减、示范项目等；安全目标
设计单位	内部关系	建筑、结构、设备、装修等内部设计专业或者部门	建筑、结构、机电、装修的一体化设计
	外部关系	建设单位、构件厂家、施工单位	设计、生产、施工的一体化，技术与管理一体化，合理性与经济性问题，构件生产问题
构件厂家	内部关系	企业内部生产部门	现场施工协调
	外部关系	施工单位、监理单位	施工企业内部生产还是产品采购
施工单位	内部关系	企业及项目经理部内部	钢筋、模板、混凝土、机电等工种责任划分，工序的减少及工序的交错
	外部关系	建设单位、设计单位、构件生产厂家、监理单位、吊装作业队	施工单位与设计单位的沟通，使得设计满足生产、施工的需要；施工企业需要与生产厂家协调构件的出厂、装卸、运输、进场构件专业吊装作业队，自有或外委托

二、沟通管理

（一）沟通管理的一般规定

（1）组织应建立项目相关方沟通管理机制，健全项目协调制度，确保组织内部与外部各个层面的交流与合作。

（2）项目经理部应将沟通管理纳入日常管理计划，沟通信息，协调工作，避免和消除在项目运行过程中的障碍、冲突和不一致。

（3）项目各相关方应通过制度建设，完善程序，实现相互之间沟通的零距离和运行的有效性。

（4）在其他方需求识别和评估的基础上，按项目运行的时间节点和不同需求细化沟通内容，界定沟通范围，明确沟通方式和途径，并针对沟通目标准备相应的预案。

（二）沟通管理计划

（1）项目经理部应在项目运行之前，由项目负责人组织编制项目沟通管理计划，制定沟通程序和管理要求，明确沟通责任、方法和具体要求。

（2）项目沟通管理计划编制依据应包括的内容：合同文件，组织制度和行为规范，项目相关方需求识别与评估结果，项目实际情况，项目主体之间的关系，沟通方案的约束条件、假设及适用的沟通技术，冲突和不一致解决预案。

（3）项目沟通管理计划应包括的内容：沟通范围、对象、内容与目标，沟通方法、手段及人员职责，信息发布时间与方式，项目绩效报告安排及沟通需要的资源，沟通效果检查与沟通管理计划的调整。

（4）项目沟通管理计划应由授权人批准后实施。项目经理部应定期对项目沟通管理计划进行检查、评价和改进。

（三）沟通程序

（1）项目实施目标分解；
（2）分析各分解目标自身需求和相关方需求；
（3）评估各目标的需求差异；
（4）制订目标沟通计划；
（5）明确沟通责任人、沟通内容和沟通方案；
（6）按既定方案进行沟通；
（7）总结评价沟通效果。

三、冲突管理

在装配式建筑项目实施的各个阶段，由于各参建单位和其他利益相关者对工程项目的期望不同，必然会发生利益冲突。因此，冲突存在于工程项目管理的全过程，冲突管理是工程项目管理者不可回避的重要任务。

（一）工程项目冲突管理程序

装配式建筑项目冲突管理程序如图 2-2 所示。

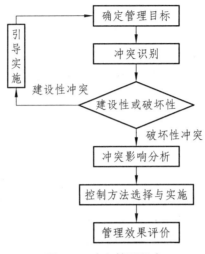

图 2-2　冲突管理程序

（二）工程项目冲突管理的内容

1. 工程项目冲突识别

工程项目冲突识别可以从 6 个方面来识别判断冲突是建设性冲突还是破坏性冲突，见表 2-3。

表 2-3　工程项目冲突识别模型

识别指标	建设性冲突	破坏性冲突
是否会损害冲突主体利益	否	是
是否对工程项目目标不利	否	是
是否导致冲突双方信任度、满意度下降	否	是
是否会使组织决策失误	否	是
是否提高组织工作能力	是	否
冲突发生是基于项目整体利益还是个人利益	整体利益	个人利益

2. 工程项目冲突分析

（1）主要是利用已识别冲突发生的概率、类型及对工程项目本身和各参与方所产生的影响，来对已识别冲突的优先级进行比较分析。

（2）对已识别的冲突进行原因分析，通过分析可以建立起冲突的基本因果关系，以便找到对冲突进行管理的思路和要点。

3. 工程项目冲突控制

根据冲突识别和分析的结果，确定是否控制冲突，以及采用何种策略和方式来控制冲突。冲突控制应从人员干预和结构控制两个方面着手。

（1）人员干预：通过对冲突各方的人员进行引导和教育，使其承认和接受双方冲突的存在，并站在工程项目整体利益的角度指出冲突的危害，要求尽快结束冲突。

（2）结构控制：改变或调整工程项目组织。

4. 工程项目冲突处理策略

（1）回避或撤出，就是让发生冲突的参与各方从这种状态中撤离出来，从而避免发生实质性的或潜在的争端。

回避或撤出的具体策略：第一层次，保持"中立"，没有明确立场；第二层次，采取"隔离"措施，断绝冲突各方之间的直接接触，防止在问题处理期间出现公开冲突；第三层次，其中至少一方"撤退"，在有些情况下，撤退是保存自己利益的明智选择。

（2）竞争或逼迫，实质就是"非赢即输"，在有损另一方的同时来实现自己的主张。强制手段会增加今后由于对抗所产生的冲突，应被作为最后考虑的一种方法，但这种方法确实可以快速解决问题。

（3）缓和或调停，实质就是"求同存异"，对于产生冲突的问题不强调分歧，而强调共性。缓和冲突可使气氛变得友好，但如果经常使用或作为主要的、唯一的处理冲突的办法，冲突将永远得不到解决。因此，缓和的办法只是暂时的，并不能彻底解决问题。

（4）妥协，实质就是通过协商，参与各方都做出一点让步，都愿意放弃自己一部分观点和利益，寻求在一定程度上参与各方都满意的处理结果。妥协可以有效地缩小参与各方之间的冲突，加强沟通，是较为恰当的解决方式，但这种方法并非永远可行。

（5）正视，正视冲突是克服分歧、解决冲突的有效途径，要求工程项目参与各方都必须以积极的态度对待冲突，并愿意就面临的问题和冲突广泛地交换意见。这是一种积极的解决冲突的途径，但需要一个良好的工程项目环境，有意识地营造合作氛围。

5. 工程项目冲突管理效果后评价

冲突管理效果后评价是指工程项目在实施冲突识别、评价、控制和处理后的一段时间内，考察冲突管理措施实施后绩效的变化，并对冲突管理的全过程进行系统、客观的分析，通过检查与总结，评估工程项目管理组织实施的冲突管理的有效性，并分析成败的原因，总结经验教训，最后通过及时有效的信息反馈，为未来冲突管理规划和提高冲突管理水平提供借鉴。

第四节　工程总承包（EPC）管理模式

一、工程总承包（EPC）管理模式的解读

工程总承包（Engineering Procurement Construction，EPC）又称设计、采购、施工一体化模式，是指从事工程总承包的企业按照与建设单位签订的合同，对工程项目的设计、采购、施工等实行全过程的承包，并对工程的质量、安全、工期和造价等全面负责的承包方式。对于装配式建筑而言，EPC 在总价合同条件下，对所承包工程的质量、安全、投资造价和进度及施工过程中政府审批手续负责，其中还包括设备和材料的选择和采购。EPC 中的"设计"是一种系统性的设计，不只是传统意义上的"设计"，还包括系统性分析整个项目建设工程内容，包括总体技术和管理策划、工程组织策划、资源需求策划。

二、推行 EPC 的背景及必要性

2017 年 2 月 24 日，国务院办公厅印发国办发〔2017〕19 号文《关于促进建筑业持续健康发展的意见》：要求加快推行工程总承包，按照总承包负总责的原则，落实工程总承包单位在工程质量安全、进度控制、成本管理等方面的责任。

2017 年 5 月 04 日，住房和城乡建设部（以下简称住建部）印发《建筑业发展"十三五"规划》，明确提出"十三五"时期主要任务是调整优化产业结构。以工程项目为核心，以先进技术应用为手段，以专业分工为纽带，构建合理工程总分包关系，建立总包管理有力、专业分包发达、组织形式扁平化的项目组织实施方式，形成专业齐全、分工合理、成龙配套的新型建筑行业组织结构。发展行业的融资建设、工程总承包、施工总承包管理能力，培育一批具有先进管理技术和国际竞争力的总承包企业。2017 年 12 月，住建部发布的《房屋建筑和市政基础设施项目工程总承包管理办法》明确要求装配式建筑原则上采用工程总承包模式。

装配式建筑项目具有"标准化设计、工厂化生产、装配化施工、一体化装修、信息化管理"的特征。装配式建筑是一项系统性工程，这种建造方式的最大特征就是高度集成，需要系统化的工程项目管理模式与之匹配，这种模式就是 EPC 模式。装配式建筑设计需要"技术前移，管理前置，同步设计，协同合作"。传统的建造模式中设计和施工可以分开，而装配式建筑在设计和施工之间需要相互介入、融合，两者密不可分，这是传统项目管理模式无法做到的。通过 EPC 的系统性管理，充分发挥设计的主导作用。EPC 模式的优势在于总承包商从一开始就对项目进行优化设计，充分发挥设计、采购、施工各阶段的合理交叉和充分协调，由此降低管理与运行成本，提升投资效益，见图 2-3。从行业的角度来看，唯有推行 EPC 模式，才能将工程建设的全过程联结为完整的一体化产业链，全面发挥装配式建筑的建造优势。

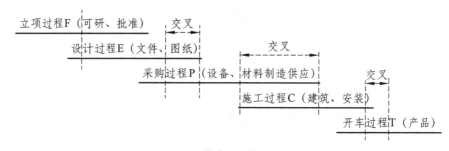

图 2-3　EPC 模式下的交叉协同管理

三、装配式建筑项目采用 EPC 模式的优势

（一）有利于实现工程建造系统化

EPC 模式的优势在于系统性的管理。在产品的设计阶段，就统筹分析建筑、结构、机电、装修各子系统的制造和装配环节，各阶段、各专业技术和管理信息前置化，进行全过程系统性策划，设计出模数化协调、标准化接口、精细化预留预埋的系统性装配式建筑产品，满足一体化、系统化的设计、制造、装配要求，实现规模化制造和高效精益化装配，发挥装配式建筑的综合优势。工程总承包管理是一个大系统，各个环节的管理以及各个分包的管理都属

于这个大系统下的子系统，各环节的子系统又可再细分若干个小子系统。各子系统的管理子目标构成了整个工程总承包管理的大目标。

（二）有利于组织协调管理

装配式建筑项目推行 EPC 模式，投资建设方只需集中精力完成项目的预期目标、功能策划和交付标准，设计、制造、装配、采购等工程实施工作则全部交由工程总承包方完成。总承包方对工程质量、安全、进度、造价负总责，责任明确、目标清晰。总承包方围绕工程建造的整体目标，以设计为主导，全面统筹制造和装配环节，系统配置资源（人力、物力、资金等）；工程项目参与方均在工程总承包方的统筹协调下处于各自管理系统的主体地位，均在围绕着项目整体目标的管理和协调下实现各自系统的管理小目标，局部服从全局、阶段服从全过程、子系统服从大系统，进而实现在总承包方统筹管理下的工程建设参与方的高度融合。EPC 模式下，各方工作均在统一的管控体系内开展，信息集中共享，规避了沟通不流畅的问题，减少了沟通协调工作量和难度。

（三）有利于实现工程建造精益化

EPC 模式的系统化特征，保证了建筑、结构、机电、装修的一体化和设计、制造、装配的一体化。一体化的质量和安全控制体系，保证了工程建设的严谨性和质量安全责任的可追溯性。一体化的技术体系和管理体系也避免了工程建设过程中的"错漏碰缺"，有助于实现精益化、精细化作业。EPC 模式下的装配式建造，设计阶段就系统考虑分析制造、装配的流程和质量控制点，制造、装配过程中支撑、吊装等细节，在设计阶段，规避质量和安全的风险点；通过工厂化的制造和现场机械化的作业，来大幅替代人工手工作业，大大提高了制造、装配品质，减少并规避了由于人工技能的差异所带来的作业质量差异，以及由此产生的离散性过大、质量下降和安全隐患等问题，从而全面提升工程质量、确保安全生产。

（四）有利于降低工程建造成本

装配式建筑项目推行 EPC 模式，能够在总承包方的统一协调、把控下，将各参建方的目标统一到项目整体目标中，以整体成本最低为目标，避免了以往传统管理模式下，设计方、制造方、装配方各自利益诉求不同，都以各自利益最大化为目标，没有站在工程整体效益角度去实施，导致工程整体成本增加、效益降低的弊端。在 EPC 模式下，充分发挥设计主导和技术总体策划优势，在设计方案中充分考虑材料的性价比，优先使用当地材料；工程实施过程中控制造价成本，通过设计优化，在满足建筑产品的良好性能要求的同时，最大限度地节约资源；通过精益设计，达到设计少变更甚至零变更，减少甚至避免由于返工造成的资源浪费，从而最大限度地节约成本。

（五）有利于缩短工程建造工期

装配式建筑项目推行 EPC 模式，在设计、制造、装配、采购等不同环节形成合理穿插、深度融合，实现由原来设计方案确定后才开始启动采购方案，开始制定制造方案、制定装配方案的线性工作顺序转变为叠加型、融合性作业，经过总体策划，在设计阶段就开始制定采购方案、生产方案、装配方案等，使后续工作前置交融，进而大幅节约工期。

（六）有利于实现技术集成应用和创新

装配式建筑项目推行 EPC 模式，有利于建筑、结构、机电、装修一体化，设计、制造、装配一体化，从而实现装配式建筑的技术集成，以整体项目的效益为目标需求，明确集成技术研发方向。避免只从局部某一环节研究单一技术（如设计只研究设计技术、生产只研究加工技术、现场只研究装配技术），难以落地、难以发挥优势的问题。要创新全体系化的技术集成，更加便于技术体系落地，形成生产力，发挥技术体系优势，并在工程总承包管理实践过程中不断优化提升技术体系的先进性、系统性和科学性，实现技术与管理创新相辅相成的协同发展，从而提高建造效益。

（七）有利于全过程信息化应用

EPC 模式可以很好地发挥 BIM 技术的全过程应用信息共享优势，提升品质和效益。在 EPC 模式下，各参与方形成统一的有机整体，设计各专业之间，制造、装配各专业之间，设计与制造、装配之间数据信息共享，协同并进行设计和管理。EPC 模式有利于建立企业级装配式建筑设计、制造、装配一体化的信息化管理平台，形成对装配式建筑一体化发展的支撑；实现建筑业信息化与工业化的深度融合，深入推进信息化技术在装配式建筑中的应用。

四、当前装配式建筑推行 EPC 模式存在的问题

（1）EPC 模式还没有得到工程建设单位的重视。

目前，绝大部分装配式建筑项目仍沿用业主大包大揽、分块切制的管理模式，各方没有以项目整体利益为目标，导致设计、采购、制造、施工、运维等多环节多专业难以有效协同，导致设计产品难以规模化、高效化制造和装配，装配式建筑的优势难以发挥。

（2）与 EPC 模式相配套的监管机制还不够健全。

涉及招投标、资质管理、审图制度、造价定额、施工监理、质量检测、竣工验收等相关配套制度，还需要政府加快完善，如工程总承包招投标等制度，还需要从立法层面进行改革。

（3）还缺乏推行装配式建筑 EPC 模式的龙头企业。

目前，很多建筑企业都是以施工或设计总包为主，还缺少总包管理制度完善、实践经验丰富的 EPC 模式的龙头企业。行业内迫切需要以企业为主体，以转型升级为契机，在装配式建筑创新的技术体系基础上，通过实践积累，形成优化的、适用的、特定的装配式建筑工程总承包管理模式，引领行业发展。

（4）EPC 模式还有待进一步完善。

装配式建筑工程总承包的具体管理流程、责任权利的界面划分、各方共享机制等还没有成熟的运行管理模式，往往是以施工总包的管理模式的简单延伸，没有经过彻底变革，不是真正意义上的"工程总承包管理"，还有待通过龙头企业的探索和实践进行创新。

应结合装配式建筑建造组织方式的固有特性，以装配式建筑集成技术体系为基础，建立相对应的工程总承包管理模式，旨在全面发挥集成技术体系的优势，同时结合市场规律，优化整合全产业链上的资源配置，实现装配式建筑品质优、工期短、成本低、绿色环保的综合效益。

（5）还缺乏践行装配式建筑 EPC 模式的高端复合型人才和产业工人。

装配式建筑的工程总承包管理是建筑行业多系统的集成发展，对管理人员的综合素质要求高，需要对装配式建筑设计、采购、制造、装配、技术、管理、商务进行多专业、多系统、全过程的认知和了解，以便协调管理。

目前，很多产业工人技术水平低、离散程度高，还不能有效适应机械化、自动化的工业化生产模式和系统化、协同化的管理模式。

思考题

1. 施工项目组织形式有哪些？装配式建筑项目管理组织机构如何设置？
2. 项目管理组织机构层次有哪些？
3. 简述组织协调的范围和层次。
4. 简述装配式建筑项目的各个主体的组织协调范围、对象和内容。
5. 冲突处理策略有哪些？
5. 简述装配式建筑推行 EPC 模式的优势。

第三章　装配式建筑项目策划管理

相对于传统现浇建筑项目，装配式建筑项目需要进行精细化管理，体现精益建造的理念，强调设计、生产与施工的一体化，以及技术与管理一体化。装配式建筑项目管理策划是装配式建筑项目管理的重点内容，项目管理策划对装配式建筑项目后期进行的质量、成本、进度、安全管理等各方面管理工作产生重大影响。

第一节　建设工程项目管理策划

一、项目管理策划

项目管理策划是为达到项目管理目标，在调查、分析有关信息的基础上，遵循一定的程序，对未来（某项）工作进行全面构思和安排，制定和选择合理可行的执行方案，并根据目标要求和环境变化对方案进行修改、调整的活动。

（一）项目管理策划组成

根据现行的《建设工程项目管理规范》的规定，项目管理策划应由项目管理规划和项目管理配套策划组成。项目管理规划应包括项目管理规划大纲和项目管理实施规划，项目管理配套策划应包括项目管理规划以外的所有项目管理策划内容。项目管理策划需参照项目管理规范的要求构建基本框架，并结合项目范围、特点和实际管理需要，经过逐步梳理、调整和完善。

（二）项目管理策划过程

（1）分析、确定项目管理的内容与范围；
（2）协调、研究、形成项目管理策划结果；
（3）检查、监督、评价项目管理策划过程；
（4）履行其他确保项目管理策划的规定责任。

（三）项目管理策划程序

（1）识别项目管理范围；
（2）进行项目工作分解；
（3）确定项目的实施方法；
（4）规定项目需要的各种资源；
（5）测算项目成本；

（6）对各个项目管理过程进行策划。

（四）项目管理策划的规定

（1）项目管理范围应包括完成项目的全部内容，并与各相关方的工作协调一致；

（2）项目工作分解结构应根据项目管理范围，以可交付成果为对象实施，应根据项目实际情况管理需要确定详细程度，确定工作分解结构；

（3）提供项目所需资源，应按保证工程质量和降低项目成本的要求进行方案比较；

（4）项目进度安排应形成项目总进度计划，宜采用可视化图表表达；

（5）宜采用量价分离的方法，按照工程实体性消耗和非实体性消耗测算项目成本；

（6）应进行跟踪检查和必要的策划调整；项目结束后，宜编写项目管理策划的总结文件。

（五）项目管理规划的范围和编制主体

工程项目管理规划的范围和编制主体见表3-1。项目管理配套策划范围和内容的确定由组织规定的授权人负责实施。

表3-1　工程项目管理规划的范围和编制主体

项目定义	项目范围和特征	项目管理规划名称	编制主体
建设项目	在一个总体规划范围内、统一立项审批、单一或多元投资、经济独立核算的建设工程	《建设项目管理规划》	建设单位
工程项目	建设项目内的单位、单项工程或独立使用功能的交工系统（一般含多个）	《工程项目管理规划》（《规划大纲》和《实施规划》，如施工组织设计、项目管理计划等）	承包单位
专业工程项目	上下水、强弱电、风暖气、桩基础、内外装等	《工程项目管理规划》（《规划大纲》可略）	专业分包单位

二、项目管理规划大纲

（一）项目管理规划大纲的概念

项目管理规划大纲是项目管理工作中具有战略性、全局性和宏观性的指导文件。制定前，可进行大纲框架结构策划和内容要点策划。大纲内容策划需要综合考虑工程特点和管理任务目标，着重强调工作思路，并且明确要点，此时大纲内容不可能也没必要具体、详细。

（1）大纲框架结构策划需依据本规范目录体系，并结合工程项目特点和管理需要，经策划人员共同选择、分析、调整、补充和完善，形成工程项目管理规划大纲框架。

（2）大纲内容要点策划需集成项目管理团队的共同智慧，对项目管理重要事项提出方向性、策略性的工作思路和办法，以形成项目管理规划大纲编制要点。

（二）项目管理规划大纲编制程序

（1）明确项目需求和项目管理范围；

（2）确定项目管理目标；

（3）分析项目实施条件，进行项目工作结构分解；

（4）确定项目管理组织模式、组织结构和职责分工；

（5）规定项目管理措施；

（6）编制项目资源计划；

（7）报送审批。

（三）项目管理规划大纲编制依据

（1）项目文件、相关法律法规和标准；

（2）类似项目经验资料；

（3）实施条件调查资料。

（四）项目管理规划大纲内容

项目管理规划大纲宜包括下列内容，也可根据需要在其中选定。

（1）项目概况；

（2）项目范围管理；

（3）项目管理目标；

（4）项目管理组织；

（5）项目采购与投标管理；

（6）项目进度管理；

（7）项目质量管理；

（8）项目成本管理；

（9）项目安全生产管理；

（10）绿色建造与环境管理；

（11）项目资源管理；

（12）项目信息管理；

（13）项目沟通与相关方管理；

（14）项目风险管理；

（15）项目收尾管理。

三、项目管理实施规划

项目管理实施规划是项目管理规划大纲的进一步深化与细化，需依据项目管理规划大纲来编制实施规划，而且需把规划大纲策划过程的决策意图体现在实施规划中。一般情况下，施工单位的项目施工组织设计等同于项目管理实施规划。

项目管理实施规划的制定需结合任务目标分解和项目管理机构职能分工，分别组织专业管理、子项管理及协同管理机制与措施的策划，为落实项目任务目标、处理交叉衔接关系和实现项目目标提供依据和指导。

（一）项目管理实施规划编制步骤

项目管理实施规划的制定需结合项目管理任务目标的分解和项目管理机构的职能分工，分别进行专业化管理策划、子项目管理策划及交叉与协同管理策划。编制项目管理实施规划应遵循下列步骤：

（1）了解相关方的要求；

（2）分析项目具体特点和环境条件；

（3）熟悉相关的法规和文件；

（4）实施编制活动；

（5）履行报批手续。

（二）项目管理实施规划编制依据

（1）适用的法律、法规和标准；

（2）项目合同及相关要求；

（3）项目管理规划大纲；

（4）项目设计文件；

（5）工程情况与特点；

（6）项目资源和条件；

（7）有价值的历史数据；

（8）项目团队的能力和水平。

（三）项目管理实施规划内容

（1）项目概况；

（2）项目总体工作安排；

（3）组织方案；

（4）设计与技术措施；

（5）进度计划；

（6）质量计划；

（7）成本计划；

（8）安全生产计划；

（9）绿色建造与环境管理计划；

（10）资源需求与采购计划；

（11）信息管理计划；

（12）沟通管理计划；

（13）风险管理计划；

（14）项目收尾计划；

（15）项目现场平面布置图；

（16）项目目标控制计划；

（17）技术经济指标。

四、项目管理配套策划

项目管理配套策划应是与项目管理规划相关联的项目管理策划过程。组织应将项目管理配套策划作为项目管理规划的支撑措施纳入项目管理策划过程。项目管理配套策划结果不一定形成文件，具体需依据国家、行业、地方法律法规要求和组织的有关规定执行。

（一）项目管理配套策划编制依据

（1）项目管理制度。项目管理制度是指组织关于项目管理配套策划的授权规定，如岗位责任制中的相关授权。

（2）项目管理规划。

（3）实施过程需求。

（4）相关风险程度。相关风险程度是指在风险程度可以接受的情况下项目管理的配套策划，如果策划风险超过了预期的程度，则需把该事项及时纳入项目管理规划的补充或修订范围。

（二）项目管理配套策划内容

项目管理配套策划是除了项目管理规划文件内容以外的所有项目管理策划要求。项目管理配套策划包含以下 3 项内容，体现了项目管理规划以外的项目管理策划内容范围，是项目管理规划的延伸，覆盖所有相关的项目管理过程。

（1）确定项目管理规划的编制人员、方法选择、时间安排。它是项目管理规划编制前的策划内容，不在项目管理规划范围内，其结果不一定形成文件。

（2）安排项目管理规划各项规定的具体落实途径。它是项目管理规划编制或修改完成后实施落实的策划，内容可能在项目管理规划范围内，也可能在项目管理规划范围之外，其结果不一定形成文件。这里既包括落实项目管理规划文件需要的应形成书面文件的技术交底、专项措施等，也包括不需要形成文件的口头培训、沟通交流、施工现场焊接工人的操作动作策划等。

（3）明确可能影响项目管理实施绩效的风险应对措施。如：可能需要的项目全过程的总结、评价计划，项目后勤人员的临时性安排、现场突发事件的临时性应急措施，针对作业人员临时需要的现场调整，与项目相关方（如社区居民）的临时沟通与纠纷处理等。这些往往是可能影响项目管理实施绩效的风险情况，需要有关责任人员进行风险应对措施的策划，其策划结果不需要形成书面文件或者无法在实施前形成文件，但是其策划缺陷必须通过项目管理策划的有效控制予以风险预防。

（三）项目管理配套策划规定

项目管理机构应确保项目管理配套策划过程满足项目管理的需求，并应符合下列规定：
（1）界定项目管理配套策划的范围、内容、职责和权利；
（2）规定项目管理配套策划的授权、批准和监督范围；
（3）确定项目管理配套策划的风险应对措施；
（4）总结评价项目管理配套策划水平。
以上 4 个方面的内容是项目管理配套策划的控制要求，重点是关注项目管理规划以外的相关策划及现场各类管理人员的"口头策划"（不需要书面文件和记录的策划）的控制要求。通过上述 4 项管理要求保证有关人员的策划缺陷可控，确保项目管理配套策划风险控制措施的有效性。其中，项目管理策划的授权范围是十分重要的管理环节。

（四）项目管理配套策划有效性的基础

组织应建立下列保证项目管理配套策划有效性的基础工作过程。

（1）积累以往项目管理经验；
（2）制定有关消耗定额；
（3）编制项目基础设施配置参数；
（4）建立工作说明书和实施操作标准；
（5）规定项目实施的专项条件；
（6）配置专用软件；
（7）建立项目信息数据库；
（8）进行项目团队建设。

以上 8 项内容是组织使项目管理配套策划满足项目管理策划需求的基础条件，并成为项目管理制度的一部分。只有建立和保持这些基础工作，才能形成能够有效确保策划正确的文化氛围和管理惯例，从而保证项目管理配套策划的有效性。

五、装配式建筑项目管理策划

（一）项目管理策划的核心

装配式建筑项目管理策划工作，要抓住一个核心，即一切以"预制构件吊装"为计划的核心，其他一切要服从于这个计划，并以预制构件为核心来配置各种资源。

（二）项目管理策划的内容

项目管理策划应根据项目的规模和复杂程度，分阶段、分层次地展开，从总体的概略性策划到局部的实施性、详细性策划逐步进行，见表 3-2。

表 3-2　项目施工方案编制策划内容

阶　段	方案名称	编制时间	负责人	备　　注
前期筹划准备阶段	项目管理规划			
	项目质量计划			质量计划及预控措施
	项目创优计划			
	施工组织设计			
	临时用水施工方案			
	临时用电施工方案			
	临时设施方案			
	塔吊安装方案			

阶 段	方案名称	编制时间	负责人	备 注
前期筹划准备阶段	基坑施工安全方案			专家论证
	安全施工组织设计			安全施工方案
	施工测量方案			
	样板方案			
	检验、试验方案			
基础阶段	地下结构施工方案			
	大体积混凝土施工方案			关键工序
	后浇带施工方案			
	脚手架搭拆施工方案			
	回填土施工方案			
	模板工程施工方案			
	钢筋工程施工方案			
	混凝土工程施工方案			
主体结构	砌筑施工方案			
	高层建筑沉降观测方案			
	施工电梯安拆方案			
	吊装工程专项方案			装配式建筑项目
	灌浆工程专项方案			装配式建筑项目
	预制构件堆放架专项方案			装配式建筑项目
	预制构件运输方案			装配式建筑项目
装饰装修	屋面工程施工方案			
	室内装修施工方案			
	厨卫间防水施工方案			
	外墙装饰施工方案			关键工序
	门窗工程施工方案			由专业施工队伍编制
	三步节能施工方案			
	室内精装修施工方案			
	交叉作业施工方案			
措施方案	雨季施工方案			
	冬季施工方案			
	群塔作业施工方案			装配式建筑项目
	成本控制预案			
	应急预案			应急救援预案

（三）装配式建筑项目管理策划的内容及重点

装配式建筑项目管理策划应根据装配式建筑项目的特点和具体情况来进行，不同项目的管理策划内容及重点会有所不同，见表3-3。

表3-3　装配式建筑项目构件吊装策划的内容及重点

内容	策划重点	备注
施工总平面布置	垂直运输机械（塔吊）、施工便道、构件堆场	全局性、合理性、阶段性；场内通道，吊装设备，吊装方案，构件码放场地等
施工进度计划	总体进度计划、标准层施工计划，施工工艺	考虑是否分层验收，是否流水及立体穿插，构件运输、堆场、塔吊使用，需要其他配套计划配合
构件运输	运输方案	车辆型号数量，运输路线，现场装卸方法
质量管理	构件（设计+进场+成品保护）、构件吊装、灌浆质量控制	构件质量控制包括工厂内和现场梁阶段，吊装涉及钢筋定位、吊装精度、灌浆质量控制
人员管理	项目团队，构件吊装	专业管理团队，构件吊装人员培训，塔吊司机、电焊工等特种作业人员均持证上岗
材料管理	吊具、支撑、辅材	预制构件，专业吊具，堆放，吊装支撑系统，吊装辅材，模板系统
技术管理	专项方案、技术措施	专项方案验算、图纸会审及技术交底
安全管理	事前控制、事中控制、事后控制	设计的质量及深度，设计交底，施工专项方案安全验算（支撑、吊具），生产过程（埋件、强度），吊装设备及吊具安全，吊装人员，套筒灌浆，吊装过程，安全设备及防护
协调管理	设计、构件、工序等	与设计单位的设计协调，与构件厂家的生产、运输的协调，施工现场施工工艺的协调
绿色建造与环境保护计划	绿色设计、绿色施工	实施绿色设计、绿色施工、节能减排、保护环境

第二节　装配式建筑项目施工组织设计

施工企业应根据工程特点及装配式建筑项目要求，单独编制单位工程施工组织设计，施工组织设计中应制订各专项施工方案编制计划。除常规要求的专项方案外，还应单独编制吊装工程专项方案、灌浆工程专项方案、预制构件堆放专项方案等有针对性的专项施工方案。施工方案中应包含针对施工重点难点的解决方案及管理措施，明确技术方法。

一、施工组织设计的概念

施工组织设计是用来指导施工项目全过程各项活动的技术、经济和组织的综合性文件。

施工组织设计是对施工活动实行科学管理的重要手段，具有战略部署和战术安排的双重作用。它体现了基本建设计划和设计的要求，提供了各阶段的施工准备工作内容，协调施工过程中各施工单位、各施工工种、各项资源之间的相互关系。通过施工组织设计，可以根据具体工程的特定条件，拟订施工方案，确定施工顺序、施工方法、技术组织措施，可以保证拟建工程按照预定的工期完成，可以在开工前了解到所需资源的数量及其使用的先后顺序，合理布置施工现场。因此，施工组织设计应从施工全局出发，充分反映客观实际，符合国家及合同要求，统筹安排施工活动有关的各个方面，合理地布置施工现场，确保文明施工、安全施工。

二、施工组织设计的分类

根据施工组织设计编制的广度、深度和作用的不同，可将施工组织设计分为：
（1）施工组织总设计；
（2）单位工程施工组织设计；
（3）分部（分项）工程施工组织设计。

三、施工组织设计的编制原则

在编制施工组织设计时，宜考虑以下原则：
（1）重视工程的组织对施工的作用；
（2）提高施工的工业化程度；
（3）重视管理创新和技术创新；
（4）重视工程施工的目标控制；
（5）积极采用国内外先进的施工技术；
（6）充分利用时间和空间，合理安排施工顺序，提高施工的连续性和均衡性；
（7）合理部署施工现场，实现文明施工；
（8）技术方案的先进性，施工组织设计采用的技术方案和措施是否先进适用，技术是否成熟；
（9）质量管理和技术管理体系及质量保证措施是否健全且切实可行；
（10）安全、环保、消防和文明施工措施是否切实可行并符合有关规定；
（11）在满足合同和法规要求的前提下对施工组织设计的审查，应尊重施工单位的自主技术决策和管理决策。

四、施工组织设计的主要内容

在编制施工组织设计大纲前，编制人员应仔细阅读设计单位提供的相关设计资料，正确理解设计图纸和设计说明所规定的结构性能和质量要求等相关内容，并结合构件制作和现场的施工条件及周边施工环境做好施工总体策划，制定施工总体目标。编制施工组织设计大纲时应重点围绕整个工程的规划和施工总体目标进行编制，并充分考虑装配式建筑的工序工种繁多、各工种相互之间的配合要求高、传统施工和预制构件吊装施工作业交叉等特点。

编制的施工组织设计应符合现行国家现行标准《建筑施工组织设计规范》（GB/T 50502）的规定。施工组织设计包含的主要内容如下：

（1）工程概况与目标。

工程概况中除了应包含传统施工工艺在内的项目建筑面积、结构单体数量、结构概况、建筑概况等内容外，同时还应详细说明本项目所采用的装配式建筑结构体系，预制率，预制构件种类、重量及分布，另外还应说明本项目应达到的施工目标和施工进度、质量、安全及成本控制等项目管理目标。

（2）施工管理体制与管理机构。

施工单位应根据工程发包时约定的承包模式，如施工总承包模式、设计施工总承包模式、装配式建筑专业承包等不同的模式进行组织管理，建立组织管理体制。同时，建立装配式建筑项目施工的管理机构，设置项目施工管理、技术、质量、安全等岗位，建立责任体系。

（3）施工进度总计划。

根据现场条件、塔式起重机工作效率、构件工厂供货能力、气候环境情况和施工企业自身组织人员、设备、材料的条件等编制预制构件安装施工进度总计划。明确项目的总体施工流程、预制构件制作流程、标准层施工流程等内容。总体施工流程中应考虑预制构件的吊装与传统现浇结构施工的作业交叉，明确两者之间的界面划分及相互之间的协调。此外，在施工工期规划时尚应考虑起重设备、作业工种等的影响，尽可能做到流水作业，提高施工效率，缩短施工工期。

（4）施工现场总平面布置。

计划除了传统的生活办公设施、施工便道、仓库及堆场等布置外，还应根据项目预制构件的种类、数量、位置等，结合运输条件，设置预制构件专用堆场及运输专用便道，堆场设置应结合预制构件重量和种类，考虑施工便利、现场垂直运输设备吊运半径和场地承载力等条件；专用施工便道布置应考虑满足构件运输车辆通行的承载能力及转弯半径等要求。

（5）预制构件生产计划。

预制构件生产计划应结合准备的模具种类及数量、预制厂综合生产能力安排，并结合施工现场总体施工计划编制，尽可能做到单个施工楼层生产计划与现场吊装计划相匹配，同时在生产过程中必须根据现场施工吊装计划进行动态调整。

构件进场进度安排需考虑构件厂家招标、模板制作、构件预制的时间，确保预制构件在主体施工到达预制界面前进场，一般从招标到构件进场需要4个月左右。需工厂预埋的构件，如门窗框、栏杆及幕墙连接件等，尽早确定大样规格。

（6）预制构件运输方案。

制定全面的构件运输方案，重点明确运输车辆型号和数量，合理设计并制作运输架等装运工具、现场装卸方法及运输路线。现场构件运输道路及堆场应提前准备好，车辆吨位较大，需做好准备，塔吊吨位及布置应根据构件分布及重量进行选择。

（7）预制构件现场堆放方案。

施工现场必须根据施工工期计划合理编制构件进场堆放计划，预制构件的堆放计划既要保证现场存货满足施工需要，又确保现场备货数量在合理范围内，以防存货过多占用过大的堆场，一般要求提前一周将进场计划报至构件厂，提前2~3天将构件运输至现场堆置。

（8）预制构件吊装方案。

预制构件吊装方案必须与整体施工计划匹配，结合标准层施工流程编制标准层吊装施工计划，在完成标准层吊装方案的基础上，结合整体计划编制项目构件吊装整体方案。

（9）吊装工具计划。

根据施工技术方案设计，制订各种构件的吊具制作或外委加工计划以及吊装工具和吊装材料（如牵引绳）采购计划；同时制订灌浆设备、构件安装后支撑设施以及预制构件施工用的其他设备与工具计划。

（10）专项施工方案。

专项施工方案包括：构件安装方案、测量方案、节点施工方案、防水施工方案、后浇混凝土养护方案、全过程的成品保护及修补措施等。

（11）劳动力计划与培训。

确定装配式建筑施工作业各工种人员数量和进场时间。制订培训计划，确定培训内容、方式、时间和责任者。装配施工人员宜提前进行培训，做好各环节工作，尤其是关键节点，如预制构件就位、插筋、接缝封闭、灌浆等。

（12）质量管理计划。

在质量管理计划中应明确质量管理目标，并围绕质量管理目标重点针对预制构件制作和吊装施工以及各不同施工层的重点质量管理内容进行质量管理规划和组织实施。例如，编制预制构件安装各个作业环节的操作规程；图样、质量要求、操作规程交底与培训计划；质量检验项目清单流程、人员安排，检验工具准备；后浇区钢筋隐蔽工程验收流程；监理旁站监督重点环节（如吊装作业、灌浆作业）的确定等内容。

（13）成本管理计划。

制定避免出错和返工的措施；减少装卸环节直接从运送构件车上吊装的流程安排；劳动力的合理组织，避免窝工；材料消耗的成本控制；施工用水、用电的控制等。

（14）安全管理计划。

在安全管理计划中应明确其管理目标，并围绕管理目标针对预制构件制作和吊装施工以及各不同施工层的重点安全管理内容进行安全与文明施工管理规划和组织实施，包括建立装配式建筑项目施工安全管理组织、岗位和责任体系；编制装配式建筑项目施工各作业环节（预制构件进场、卸车、存放、吊装、就位、支撑、后浇区施工、表面处理等环节）的安全操作规程；制订所有施工人员的安全交底与培训计划；确定培训内容、对象、方式、时间和培训责任人；编制安全设施和护具计划；进行预制构件卸车、存放、吊装等作业环节的安全措施与设施设计；吊装作业临时围挡与警示标识牌设计、准备等。

（15）绿色建造和环境保护计划。

装配式建筑建造最大特色即为绿色建造及利于保护环境，因此必须编制绿色建造和环境保护计划，就施工过程中针对常见的噪声污染、固体废弃物污染、粉尘污染等编制相应的保护措施计划，计划中必须体现装配式建筑施工的特色和优势。

五、施工工艺及总体工期筹划

在进行装配式建筑项目施工工期筹划时，应事先明确预制构件的制作与运输及预制构件吊装施工等关键工序的工艺流程和所需要的时间，装配式建筑施工的总体工艺流程如图 3-1 所示。施工总体工期与工程的前期施工规划、预制构件的制作以及预制构件的吊装和节点连接等工序所需要的工期是密不可分的。施工管理者、设计人员和构件供应商三者之间应密切配合、相互确认才能充分发挥装配式建筑在工期上的优势。

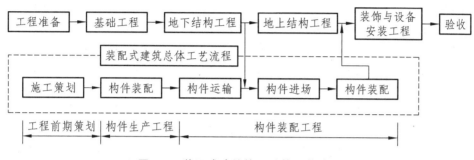

图 3-1 装配式建筑施工总体工艺流程

（一）装配式建筑项目施工前期筹划

在筹划施工总体工期时必须考虑装配式建筑项目施工计划编制所需要的时间，即工程前期筹划时间。装配式建筑项目施工计划编制时应考虑的内容包括：预制构件吊装及节点连接方式、预制构件的生产方式、水电管线和辅助设施制图、预制构件制作详图和三方确认、预制构件制作模板设计与制作等相关内容。

（二）预制构件制作工期

预制构件制作工期是指针对所有预制构件从第一批开始生产至最后一批完成所需要的全部时间。该工序的工期应根据"预制构件生产计划"进行编制。此外，在制订预制构件的生产计划时应充分考虑构件厂的生产方式、生产能力和场地堆放规模以及施工现场临时堆放场地的大小和预制构件吊装施工进度等因素，科学、合理地进行规划。一般而言，无论是采用固定台座生产线还是机组流水线的制作方式，预制构件的生产制作工期的规划一般以 1 天为一个循环周期。固定台座生产线法一个循环周期一般只能制作一批构件，考虑到受生产条件与施工工期等因素的制约，有时也采用 2 天作为一个循环周期。而机组流水线法，可根据不同的预制构件种类，一个循环周期可生产多个批次的预制构件。但无论循环周期的长与短，应尽可能做到有计划的均衡生产，提高生产效率和资源利用的最大化。

（三）预制构件吊装施工工期

预制构件吊装施工工期应根据"预制构件吊装计划"进行编制，并基于标准层楼层的吊装施工工期进行筹划。标准层施工中包括了现浇混凝土施工、临时设施等附属设施的施工等所需要的时间。标准层施工的时间一般可设定为 7 天，但通过增加劳动力和施工机械设备的投入以及合理的组织，也能实现 5 天施工一层楼面的能力。但值得注意的是，现场吊装施工工期的筹划在满足工程总体工期的前提下，尽量做到人力和施工设备等的合理匹配，同时应考虑其经济性和安全性。各楼层的施工工期尽可能做到均衡作业，以提高现场工作人员和起重设备等的使用效率、降低施工成本、加快施工工期。具体内容见本书第四章装配式建筑项目进度控制。

六、施工现场平面布置

预制装配式施工总平面图是在拟建预制装配式项目的建筑总平面上（包括周围环境），布置为施工服务的各种临时建筑、临时设施及材料、施工机械、预制构件运输及堆放场地等，是具体施工方案在现场的空间体现。它反映已有建筑与拟建工程之间、临时建筑与临时设施间的相互空间关系，布置得恰当与否、执行的好坏与否，对现场施工组织、文明施工、施工进度、工程成本、工程质量和安全都将产生直接的影响。根据现场不同施工阶段（期），施工现场总平面图可分为基础工程施工总平面图、装配施工阶段总平面图、装饰装修阶段施工总平面图。下面重点介绍装配式结构工程施工阶段现场总平面图的设计与管理工作。施工现场总平面布置要解决的关键问题是垂直吊装问题和预制构件运输进场时带来的交通布置问题。首先，在总平面布置时，必须对吊装进行精确计算，确定最远吊距、最大起吊重量，合理进行起吊设备的型号选择；其次，预制构件运输车荷载量很大，必须考虑一次运输到位在吊点附近卸车，而不能二次转运。这就要求场内运输道路必须认真规划，既要考虑重载汽车的回转要求，又要考虑道路本身的承载能力。

（一）施工总平面图的设计内容

（1）装配式建筑施工用地范围内的分布状况；

（2）施工现场机械设备布置情况（塔吊、人货梯等）；

（3）施工用地范围内的主次入口、构件堆放区、运输构件车辆装卸点、运输通道设置；

（4）供电、供水、供热设施与线路、排水排污设施、临时施工道路；

（5）办公用房和生活用房布置；

（6）全部拟建建（构）筑物和其他基础设施的位置关系；

（7）现场常规的建筑材料存放、加工及周转场地；

（8）必备的安全、消防、保卫和环保设施；

（9）相邻的地上、地下既有建（构）筑物的位置关系及相互影响。

（二）施工总平面图设计原则

（1）平面布置科学合理，减少施工场地占用面积；

（2）合理规划预制构件堆放区域，减少二次搬运，并将构件堆放区域单独隔离设置，禁止无关人员进入；

（3）施工区域的划分和场地的临时占用应符合总体施工部署施工流程的要求，减少相互干扰；

（4）充分利用既有建（构）筑物和既有设施为项目施工服务，降低临时设施的建造费用；

（5）临时设施应方便生产和生活，办公区、生活区、生产区宜分离设置；

（6）符合节能、环保、安全和消防等要求；

（7）遵守当地主管部门和建设单位关于施工现场安全文明施工的相关规定。

（三）施工总平面图设计要点

（1）设置大门，引入场外道路。

施工现场宜考虑设置主次入口两个以上大门，引入场外道路。大门应考虑周边路网情况、道路转弯半径和坡度限制，大门的高度和宽度应满足大型运输构件车辆的通行要求。

（2）布置大型机械设备。

根据最重预制构件重量及其位置进行塔式起重机选型，使得塔式起重机能够满足最重构件起吊要求。布置塔吊时，应充分考虑其塔臂覆盖范围、塔吊末端起吊能力、单体预制构件的重量与分布情况，以及预制构件的起卸、堆放和构件装配施工，还应考虑标准层施工进度要求。

（3）布置构件堆场。

构件堆场应满足施工流水段的装配要求，且应满足大型运输构件车辆、汽车起重机的通行、装卸要求。吊装构件堆放场地要以满足 1 天施工需要为宜，同时为以后的装修作业和设备安装预留场地。预制构件堆场构件的排列顺序需提前策划，提前确定预制构件的吊装顺利，按先起吊的构件排布在最外端进行布置。为保证现场施工安全，构件堆场应设围挡，防止无关人员进入。

（4）布置运输构件车辆装卸点。

装配式建筑施工构件采用大型车辆运输，运输构件多，装卸时间长，因此，应该合理地布置运输构件车辆构件装卸点，以免因车辆长时间停留影响现场内道路的畅通，阻碍现场其他工序的正常作业施工。装卸点应在塔式起重机或起重设备的塔臂覆盖范围内，且不宜设置在道路上。

（5）布置内部临时运输道路。

施工现场道路应按照永久道路和临时道路相结合的原则布置。现场施工道路需尽量设置为环形道路，减少道路占用土地，其中构件运输道路需根据构件运输车辆载重设置成重载道路。道路尽量考虑永临结合并采用装配式路面，主干道应有排水措施。临时道路要把仓库、加工厂、构件堆场和施工点贯穿起来，按货运量大小设计双行干道或单行循环道以满足运输和消防要求，主干道宽度不小于 6 m。构件堆场端头处应有 12 m×12 m 的车场，消防车道宽度不小于 4 m，构件运输车辆转弯半径不宜小于 15 m。

（6）布置临时房屋。

① 充分利用已建的永久性房屋，临时房屋用可装拆重复利用的活动房屋。生活办公区和施工区要相对独立，宿舍室内净高不得小于 2.4 m，通道宽度不得小于 0.9 m，每间宿舍居住人员不得超过 16 人。

② 办公用房宜设在工地入口处，食堂宜布置在生活区。

（7）布置临时水电管管网和其他动力设施。

临时总变电站应设在高压线进入工地处，尽量避免高压线穿过工地。临时水池、水塔应设在用水中心和地势较高处。管网一般沿道路布置，供电线路应避免与其他管道设在同一侧，同时支线应引到所有用电设备使用地点。

（四）施工平面总设计图方案

图 3-2 是某装配式建筑项目的施工现场总平面图，平面布置方案说明如下：

（1）本方案利用四周围墙外移占用人行道，在地下室外墙边线和围墙之间的原状土压实后浇筑混凝土，形成整个场地的环形通道。

（2）通道宽度为 6 m，考虑到预制构件运输车、混凝土罐车错车需要，局部设置错车平台，同时将转角处做宽，东面道理宽度拓宽至 7 m。

（3）考虑到预制构件的供应问题，沿着环形通道在各栋周边均设置两个预制构件堆场，同时在合适位置设置材料加工场。

（4）在场地西面设置办公区和生活区，同时单独设置一个出入口。

（5）利用小区规划主次出入口兼作施工出入口，考虑到交通便利，将主出入口设置在西边，并设置洗车平台。

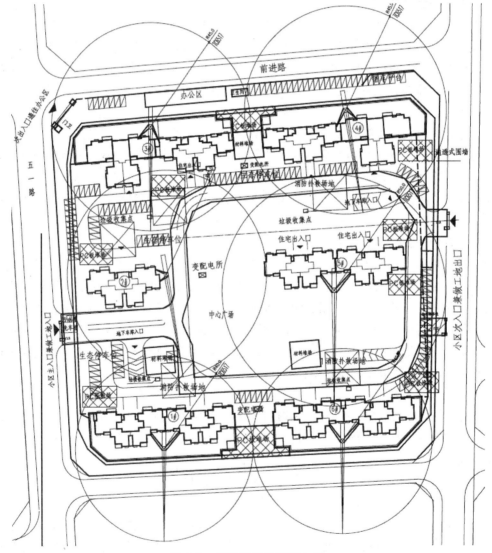

图 3-2　施工现场总平面布置

七、预制构件进场

（1）为保证现场施工的连续性，吊装速度、生产排产、供货计划应在开工前由采购方根据项目进度计划要求组织构件厂、吊装队就需求计划、吊装顺序及运输相关事宜进行协商确定。构件有序进场并安装，可以减少装卸作业和不必要的二次倒运，不仅会减少构件磕碰损坏，还可以缩短安装工期，减少临时场地和堆放措施费，从而降低摊销费用。

（2）合理安排预制构件进场顺序，对实现标准层各工种施工有效衔接，提高施工效率，降低安装成本非常重要，吊装队应根据吊装顺序、工序衔接、施工进度、运输距离等条件向构件厂反提装车顺序、车载数量、构件送进场时间等要求。

（3）采购方应根据现场反提要求，结合构件装车要求，与预制构件厂进行充分沟通后，根据每个作业区域、楼栋、楼层的预制构件分布情况对构件进场顺序进行优化设计，并最终形成最优方案。

（4）预制构件的进场通路宽度、转弯半径、卸货区应尽可能布置在靠近塔吊、视线力所能及的范围内，便于围护、支撑、堆放，提高塔吊的使用效率。构件的运输车辆在吊装时需要一定的等候时间，为了不影响其他施工运输车辆的通行，可考虑把道路加宽、设定车辆停放区或设置临时堆场等措施，并进行充分周全的策划。

（5）采购方应针对构件到场后的进场检验及交接流程进行设计，充分保证所有预制构件均能实现先检后用；每一批构件进场后应及时通知预制构件厂做好下一批预制构件进场准备。

第三节　装配式建筑项目专项施工方案

装配式建筑专项工程施工前，需要编制专项工程施工方案，报企业技术负责人审查同意后，经项目工程监理单位、建设单位审核同意方可实施。专项工程施工方案是施工操作的主要依据，是保证装配式建筑工程质量的有力措施，是工程安全施工的有力保证，也是工程经济核算的重要依据。

装配式建筑施工前应编制专项施工方案，施工方案应包括下列内容：

（1）整体的进度计划。包括：总体施工进度、预制构件生产进度表、预制构件安装进度表。

（2）预制构件运输方案。包括：车辆型号、运输路线、现场装卸及堆放。

（3）场地布置方案。包括：场内通道规划、吊装设备选型及布置、吊装方案、构件堆放位置等。

（4）各专项施工方案。包括：构件安装施工方案、节点连接方案、防水施工方案、现浇混凝土施工方案及全过程的成品保护修补措施等；预制构件安装专项施工方案编制应根据具体工程，针对性介绍解决预制构件安装难点的技术措施，制定预制构件之间或同现浇结构节点之间可靠连接的有效方法。

（5）安全管理方案。包括：构件安装时的安全措施、各专项施工的重点安全管理事项。

（6）质量管理方案。包括：构件生产的质量管理、安装阶段的质量管理、各专项施工的质量管理重点项目。

（7）环境保护措施。

综合以上 7 点内容，可以总结一套专项施工方案的通用模板，可参考以下范例。

专项施工方案范例

一、专项施工方案内容

编制内容包括工程说明，编写依据，执行的规范，标准及规程，工期目标，安全文明施工目标，质量目标，科技进步目标，施工部署及准备，技术准备，劳动力组织及安排，主要材料计划，主要施工吊装机械工具型号、数量及进场计划，施工总平面图布置，预制构件及部品施工平面图布置，分项工程施工进度计划，工程形象进度控制点，分项工程施工工艺，主要工序施工要点（特别是预制构件吊装安装要点），工程质量保证措施，冬、雨期施工措施，安全施工措施，绿色施工和文明施工及环境保护措施。

详见下列专项施工方案编制格式。

二、专项施工方案说明

1. 工程名称 _____；

建设单位 _____；

设计单位 _____；

勘察单位 _____；

监理单位 _____；

总包施工单位 _____；

分包施工单位 _____；

预制构件生产单位 _____；

装饰部品生产单位 _____。

2. 地址：该工程位于_____省_____市_____区_____路_____号。

3. 建筑面积_____、层数_____，标准层层高_____m，±0.000 相当于绝对标高_____m。

4. 使用预制构件的楼层建筑面积_____、层数_____、标准层层高_____m。

5. 工程造价_____万元人民币。其中预制构件工程造价为_____万元人民币。

6. 装配整体式混凝土结构施工面积：

预制剪力境外墙施工面积_____；

预制剪力境内墙施工面积_____；

预制叠合楼板施工面积_____；

预制阳台板施工面积_____；

预制楼梯施工面积_____；

预制外墙挂板施工面积_____；

其他部位预制构件施工面积_____；

预制构件之间后浇混凝土施工面积_____。

三、专项施工方案编写依据

1. 设计文件（施工图纸及深化拆分施工图纸、图纸会审记录和设计变更记录）。

2. 现行的建筑工程施工质量验收规范、标准及规程或专项技术导则。

3. 现行的建筑施工安全技术规范及规程。

4. 建设工程施工合同（工程招标文件），预制构件生产分包合同。

5. 施工现场准备情况（道路、供电、供水是否通畅，场地是否平整足够，施工运输吊装机械是否就位）。

6. 专项施工方案具体内容。

四、施工管理工作目标

1. 质量目标质量评定：达到_____标准。

质量目标：严格执行检验制度，全面实施过程控制。

2. 安全及文明施工目标。

3. 科技进步目标。

五、施工部署及准备

1. 技术准备。

组织工程拟采用的新材料试验工作和新技术调研工作。

组织图纸会审，参与深化设计和拆分设计，熟悉施工组织设计，编制专项施工工艺。

2. 劳动力组织及安排。

（1）劳动力计划。

根据进度安排，投入足够的劳动力，正常施工阶段日平均施工人员为_____，高峰时期每日施工人员为_____，预制构件安装每日施工人员为_____。

（2）劳动力安排。

编制主要劳动力计划表，有关预制构件安装工序中劳动力分别是_____。

3. 主要施工吊装机械、工具型号、数量及进场计划。

4. 预制构件规格、重量、长度及进场计划，现场建筑材料数量及进场计划。

5. 分项工程施工工艺。

（1）专项施工方案设想。

根据施工组织设计要求，在结构施工阶段将工程分为___段平行施工段，即___轴~___轴为第一施工段，___轴~___轴为第二施工段，___轴~___轴为第三施工段，___轴~___轴为第___施工段，___个施工段分别投入___作业班组进行平行施工。

（2）每楼层工程采用先竖向构件后水平构件的施工流向。如果建筑物为狭长，可以分为两个及以上的施工单元，施工单元可采用先外后内法、逐间就位法、先内后外法。平行施工通常在拟建工程十分紧迫时采用，在工作面、资源供应允许的前提下，可布置多台吊装机械、组织两个及以上相同的施工队，在同一时间、不同的施工段上同时组织施工，此类施工方法为平行施工，而且吊装机械也不易碰头，即合理安排施工工序又能保证吊装机械安全使用。

（3）框架结构标准层的施工流程，每层安装顺序又细分为以下三种：

① 预制构件先外后内法；

② 预制构件逐间就位法；

③ 预制构件先内后外法。

（4）装配整体式剪力墙结构标准层的施工流程，每层每个施工单元安装顺序又细分为以下三种：

① 竖向预制构件先外后内法；

② 竖向预制构件逐间就位法；

③竖向预制构件先内后外法；

六、分项工程施工进度计划

楼层预制构件吊装计划。钢筋连接计划、后浇混凝土浇筑计划、内外装饰计划、整体卫生间安装计划等。

七、工程形象进度控制点

根据招标文件要求及结合企业施工实力，确定工期为_____天（日历日）。

计划开工日期：_____年_____月_____日；

计划竣工日期：_____年_____月_____日。

为确保工期目标的实现，特设以下工程形象进度控制点：

1. 装配整体式框架结构系统时。

第一控制点：地下室及现浇标准层结构完成 _____年_____月_____日；

第二控制点：预制柱（或现浇柱）安装完成 _____年_____月_____日；

第三控制点：预制梁、板安装完成 _____年_____月_____日；

第四控制点：后浇混凝土及叠合板现浇层安装完成 _____年_____月_____日。

2. 装配整体式剪力墙结构系统时。

第一控制点：地下室及现浇标准层结构完成 _____年_____月_____日；

第二控制点：预制剪力墙（或现浇剪力墙）安装完成 _____年_____月_____日；

第三控制点：预制底板安装完成 _____年_____月_____日；

第四控制点：墙板后浇混凝土及叠合板现浇层安装完成 _____年_____月_____日。

八、主要工序施工要点

主要工序操作要点见表1。

表1 装配式建筑工序操作要点表

建筑类型	项 目	操作要点
装配整体式框架结构	预制柱系统	预留钢筋定位，预制柱吊装，预制柱、钢套筒灌浆、波纹管灌浆或其他连接方式
	预制叠合梁系统	叠合梁下钢支撑设置、预制叠合梁吊装、叠合梁钢斜撑固定、套筒灌浆、机械连接、焊接或其他连接方式
	预制叠合板安装系统	叠合板下钢支撑设置、预制叠合板吊装、钢筋搭接或机械连接，钢筋绑扎、模板支设、水电线管或线盒布设、后浇混凝土
	预制外墙挂板安装系统	预埋件设置、预制外墙挂板吊装，钢斜撑固定，连接螺栓固定
	内隔墙板系统	内隔墙板系统安装，内隔墙板拼接
装配整体式剪力墙结构	预制剪力墙系统	预留钢筋定位，预制剪力墙吊装，预制剪力墙钢斜撑固定、钢套筒灌浆、波纹管套筒灌浆或其他连接方式
	预制叠合板安装系统	预制叠合板下钢支撑设置、预制叠合板吊装，钢筋搭接连接
	墙板后浇混凝土及预制叠合板现浇层安装系统	钢筋绑扎、模板支设、水电线管或线盒布设、后浇混凝土

九、工程质量保证措施

1. 质量组织与管理（略）。

2. 质量控制措施（略）。

3. 质量通病防治措施（略）。

十、安全施工措施

1. 安全管理体系（略）。

2. 安全生产制度（略）。

3. 安全教育（略）。

4. 安全技术防护措施（略）。

5. 施工现场临时用电安全措施（略）。

十一、现场成品保护及环境保护措施

1. 成品保护措施（略）。

2. 环境保护措施（略）。

3. 环境与职业健康安全应急预案（略）。

第四节　分部分项工程安全专项方案

一、安全专项方案编制与审核

目前，装配式建筑的新技术、新工艺、新材料应用广泛，相关国家技术标准尚未齐全完整，只有少量国家标准、行业标准和地方标准，远远不能满足装配式建筑的规划、设计、施工、验收及检测的需要，因此应对此编制专项施工方案。如果预制构件最大重量超过 5 t 或水平预制构件就位后净高超过 8 m，竖向预制构件钢筋采用钢套筒、金属波纹管灌浆连接或浆锚连接，使用的垂直运输工具为非标准设计的起重设备，不仅技术复杂、相关工程经验少，而且有潜在的安全危险性，因此均应组织有关专家评审论证，论证该专项施工方案的合理性、可行性、安全性，施工单位应按照经论证评审确定的装配式建筑项目方案组织施工与安装。

（1）施工单位应当在危险性较大的分部分项工程施工前编制专项方案；对于超过一定规模的危险性较大的分部分项工程，施工单位应当组织专家在专项方案实施前进行评审论证。

（2）建筑工程实行施工总承包的，专项方案应当由施工总承包单位组织编制。其中，起重机械安装拆卸工程、深基坑工程、附着式升降脚手架、预制构件吊装安装等专业工程实行分包的，其专项方案可由专业承包单位组织编制。

（3）施工单位应当根据国家现行相关标准规范，由项目技术负责人组织相关专业技术人员结合工程实际编制专项方案。

（4）专项施工方案应当由施工单位技术部门组织本单位施工、技术、安全、质量、设备部门的专业技术人员进行内部审核。经审核合格的，由施工单位技术负责人签字。实行施工总承包的，专项方案应当由总承包单位技术负责人及相关专业承包单位技术负责人签字。经审核合格后报监理单位，由项目总监理工程师审查签字。

（5）超过一定规模的危险性较大分部分项工程专项方案，参加论证的专家组应当对论证的内容提出明确的意见，形成论证报告，并在论证报告上签字。

（6）施工单位应根据论证报告修改完善专项方案，经施工单位技术负责人、项目总监理工程师、建设单位项目负责人签字后，方可组织实施。

（7）施工单位应当严格按照专项方案组织施工，不得擅自修改、调整专项方案。如因设计、结构、外部环境等因素发生变化确需修改的，修改后的专项方案应当重新履行审核批准手续，对于超过一定规模的危险性较大工程的专项方案，施工单位应当重新组织专家进行论证。

（8）对于按规定需要验收的危险性较大的分部分项工程，施工单位、监理单位应当组织有关人员进行验收。验收合格的，经施工单位项目技术负责人及项目总监理工程师签字后，方可进入下一道工序。

二、装配式建筑工程相关专项方案及其内容编制要点

（一）预制构件起重吊装专项方案

对于采用非常规起重设备、方法，且单件起吊重量在 10 kN 及以上的起重吊装工程和采用起重机械进行安装的工程应包括下述内容：

1. 编制说明及依据

编制说明包括被吊构件的工艺要求和作用，被吊构件的质量、重心、几何尺寸、施工要求、安装部位等。编制依据列出所依据的法律法规、规范性文件、技术标准、施工组织设计和起重吊装设备的使用说明等，采用计算机软件的，应说明方案计算使用的软件名称、版本。

2. 工程概况

简单描述工程名称、位置、结构形式、层高、建筑面积、预制装配率、起重吊装位置、主要构件质量和形状、几何尺寸、预制构件就位的楼层等；施工平面预制构件现场布置、施工要求和技术保证条件，施工计划进度要求。

3. 施工部署

描述包括施工进度计划、预制构件生产及分批进场计划、各种材料与设备计划、周转模板及支设工具计划、劳动力计划、预制构件安装计划、后浇混凝土计划。

4. 预制构件吊装机械情况

描述预制构件运输设备、吊装设备种类、数量、位置，描述吊装设备性能，验算构件强度，吊装设备运输线路、运输、堆放和拼装工况。

5. 预制构件施工工艺

描述验算预制构件强度，描述整体、后浇拼装方法，介绍预制构件吊装顺序和起重机械开行路线，描述预制构件的绑扎、起吊、就位、临时支撑固定及校正方法，介绍预制构件之间钢筋连接方式和预制构件之间混凝土连接方式，介绍预制构件中水电暖通预留预埋情况，介绍吊装检查验收标准及方法等。

6. 现浇混凝土施工工艺

详细描述同预制构件相邻的墙、板的钢筋绑扎，模板支设及固定，现浇混凝土工艺、质量检查验收标准及方法等，以及现浇混凝土中水电暖通管线同预制构件中预留预埋水电暖通管线对接方式。

7. 施工安全保证措施

根据现场实际情况分析吊装过程中应注意的问题，描述施工安全组织措施和技术安全措施。描述吊装过程中可能遇到的紧急情况和应采取的应对措施。

8. 计算书及相关图纸情况

起重机械的型号选择验算，预制构件的吊装吊点位置、强度、裂缝宽度验算，吊具、吊索、横吊梁的验算，预制构件校正和临时固定的稳定验算，承重结构的强度验算，地基承载力验算等。

施工相关图纸包括预制构件深化设计和拆分设计施工图、预制构件场区平面布置图、预制构件吊装就位平面布置图、吊装机械位置图、开行路线图、预制构件卸载顺序图等。

（二）塔式起重机的安装、拆卸方案

塔式起重机的安装、拆卸方案本书从略。

第五节　预制构件施工工艺

一、预制构件施工工艺

（一）标准层构件施工流程

预制装配式建筑的施工流程主要分成基础工程、主体结构工程、装饰工程三个部分。基础工程部分、装饰工程部分与现浇式建筑大体相同，主体结构部分的工艺流程包括：构配件工厂化预制、运输、吊装，结构弹线，构件支撑固定，钢筋连接、套筒灌浆，后浇部位钢筋绑扎、支模、预埋件安装，后浇部位混凝土浇筑、养护，直至顶层。标准层预制构件施工流程根据不同装配式建筑项目的结构形式和工艺不同而有所差别。例如，装配式建筑有装配整体式框架结构、装配式整体式剪力墙结构、装配式整体式框架剪力墙结构等形式。图 3-3 为标准层预制构件施工流程，楼面混凝土浇筑完成后 1~2 天完成预制楼梯吊。装楼梯一般滞后于层楼施工，楼面混凝土浇筑完成后，楼梯歇台模板拆除了才能安装楼梯构件。

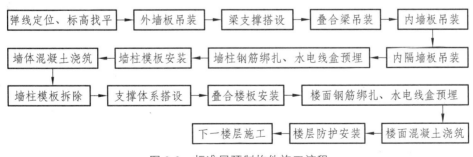

图 3-3　标准层预制构件施工流程

（二）预制构件施工流程图

构件吊装一般包括绑扎、起吊、就位、临时固定、校正和最后固定等几个主要工序，不同构件的吊装流程会有所差别。预制柱、预制墙板、预制梁、预制楼板（阳台、空调板）、预制楼梯吊装流程分别见图3-4、图3-5、图3-6、图3-7和图3-8。

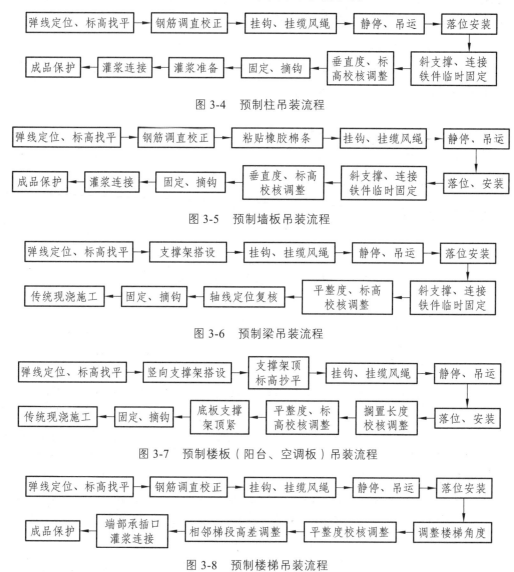

图 3-4 预制柱吊装流程

图 3-5 预制墙板吊装流程

图 3-6 预制梁吊装流程

图 3-7 预制楼板（阳台、空调板）吊装流程

图 3-8 预制楼梯吊装流程

二、施工准备

（一）技术准备

（1）学习设计图纸及深化图纸，并做好图纸会审。

（2）确定预制剪力墙构件吊装顺序。

（3）编制构件进场计划。

（4）确定吊装使用的机械、吊具、辅助吊装钢梁等。

（5）编制施工技术方案并报审。

（二）材料准备

（1）预制剪力墙构件、高强度无收缩灌浆材料、预埋螺栓、钢筋等。

（2）用于注浆管灌浆的灌浆材料，强度等级不宜低于 C40，应具有无收缩、早强、高强、大流动性等特点。

（三）机具准备

塔式起重机（选用时应根据构件重量、塔臂覆盖半径等条件确定）、汽车（选用时应根据构件重量、吊臂覆盖半径等条件确定）、电焊机、可调式斜撑杆、可调式垂直撑杆、空压机、振动机、振捣棒、混凝土泵车、经纬仪、水准仪等。例如，某项目构件施工主要机械设备如表 3-4 所示。

表 3-4 某项目构件施工主要机械设备

序号	名称	单位	用途	图片
1	塔吊	2 台	垂直运输	
2	平衡梁	2 根	将水平向力由吊具承担,构件仅承受竖向力,可用于预制墙吊装	
3	手拉葫芦	8 个	异性构件进行自动调平（主要是预制楼梯），单个起吊 3 t	

序号	名称	单位	用途	图片
4	钢丝绳	24根	连接平衡梁与构件 6×37 m（绳径 19.5 mm，丝径 0.9 mm） 单根可吊重 5.52 t	
5	吊带	8根	预制楼梯卸车、引导绳	
6	斜撑杆	64个	预制外墙侧向支撑	
7	吊环	20个	与预埋螺栓吊点连接作用（直径 20 mm）	
8	经纬仪、水准仪	2台	对轴线标高进行测量	
9	叠合板吊架	2个	叠合板吊装器具，能均匀地保持每个点受力	

（四）人员准备

构件吊装施工前，应对现场管理人员、技术人员和技术工人进行全面系统的教育和培训，培训内容主要包含技术、质量、安全等。对于特别关键和重要的工种，如起重工、信号工、安装工、塔式起重机操作员、测量工、灌浆料制备工以及灌浆工等，必须经过培训考核合格后，方可持证上岗。国家规定的特殊工种必须持证上岗作业。

三、竖向预制构件施工工艺

（一）弹线定位、标高找平

安装施工前，应在预制构件和已完成的结构上测量放线，设置安装定位标志，弹线定位除弹出建筑主要施工轴线外，还需弹出预制构件的安装轴线、构件边缘线及安装控制线（见图 3-9）。预制外墙板安装前应在墙板内侧弹出竖向与水平线，安装时应与楼层上该墙板控制线相对应；预制梁、预制楼板还需引出相应的标高控制线和边缘控制线；每种预制构件的落位区域都需要在构件安装前完成标高测量并放好垫片找平。

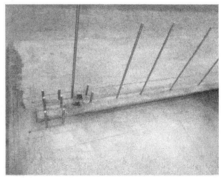

图 3-9　弹线定位

（二）钢筋调直、校正

装配式建筑正常情况下只有在现浇转预制楼层需要进行插筋预留预埋，当上下楼层预制墙体轴线定位发生变化时才会需要进行竖向连接钢筋预留预埋。由于灌浆套筒口径大小有限，为实现竖向受力钢筋连续连接，对现场的预留插筋定位精度要求比较高，预留插筋需要满足埋置深度要求，混凝土浇筑过程中应设置钢筋定位框对钢筋进行定位（见图 3-10）。混凝土浇筑完成后初凝前应再次进行钢筋定位校核，在预制构件装配施工前，进行测量方向时应再次对预留插筋进行定位复核和校正。预留钢筋定位精度要求，中心线位置偏差≤2 mm。外露长度偏差允许值（0，+10 mm）；当预留钢筋定位偏差大于规范值而影响构件安装时，严禁现场切制预留插筋。

（三）挂钩、挂牵引绳

预制构件需要设置专业吊点，现场吊装施工时需要在设计点位进行挂钩，挂钩时需要检查挂点的完整性和牢固性，挂钩时应确保钢丝绳受力均匀，不出现相互缠绕，以确保预制构件平稳起吊。当采用多于 2 根以上钢丝绳起吊一块预制构件时，应合理搭配不同长度的钢丝绳，同时根据起吊点数量及布设位置合理分配钢丝绳。

图 3-10　钢筋定位框

（四）静停、吊运

预制构件起吊离地后应静停 30 s，用于减小构件摆动，同时应注意观察预制构件的起吊姿态。正常情况下，除预制楼梯外，预制构件起吊姿态应保持水平，当构件起吊姿态不能保持平衡，应及时放回停放点调整好姿态后再起吊，对于凸窗、转角构件等重心不平衡的异形构件，应采用起吊葫芦进行吊装，以便确保构件平稳吊装，见图 3-11。

图 3-11　构件吊运

（五）落位、安装

预制构件吊运至临近安装部位上方时应提前降速平缓降落，楼面安装人员不得进入预制构件吊运线路下方，需待预制构件降落至安装楼面标高 800 mm 以内方可靠近预制构件。预制柱、预制墙板、预制楼板可以通过牵引绳适当牵引。预制墙板落位前应对落位区域楼面进行清理，并在靠近外墙一侧粘贴 PE 棒（高密度聚乙烯棒）。预制构件应平稳缓慢落位，投影面积大的预制构件落位速度过快容易发生漂移，因此应用撬棍在构件斜对角两个点进行定位控制，以确保构件准确落位（见图 3-12）。

竖向受力预制构件的安装应早于现浇构件的钢筋绑扎，当水平预制构件安装晚于现浇构件时，影响水平构件安装的面筋、箍筋应在水平预制构件安装就位后再完成绑扎固定。

图 3-12　构件落位、安装

（六）斜支撑、连接铁件临时固定

竖向受力预制构件应设置不少于 2 根斜支撑进行临时固定，为防止构件底部侧移，可以在构件底部设置连接铁件进行临时固定。设置斜支撑时，应先将斜支撑上端与预制构件连接牢固，再将斜支撑下端与连接点连接。通过斜支撑调整预制构件安装垂直度时，应注意观察外露丝杆长度，防止出现丝杆从斜支撑脱落。当通过斜支撑调整预制墙板垂直度时，同一侧的斜支撑应同向调整，严禁通过一拉一顶的方式进行调整（见图 3-13）。

图 3-13　斜支撑安装

预制梁安装采用独立支撑架时，预制梁落位前应先将独立支撑架与侧面墙体进行临时固定，待预制梁标高、定位、平整度调整复核无误后再进行支撑架的最终固定。每根预制梁应设置不少于 2 根独立支撑架。

当斜支撑影响传统班组脚手架搭设或模板支撑时，不得擅自拆除预制构件临时固定斜支撑，需按照技术负责人确定的方案进行斜支撑移位和设置。

（七）垂直度、标高校核调整

预制构件完成临时固定后应使用靠尺在两个不同方向的构件侧面进行垂直度检查，控制精度要求应满足规范要求的预制构件安装尺寸允许偏差要求（见图 3-14）。相邻预制构件还应检查侧面平整度和标高平整度。预制外墙安装还需核对上下楼层的竖向拼缝位置，确保外墙拼缝顺直贯通。

图 3-14　垂直度调整

斜支撑安装需采用可调节长度的螺杆，调节长度不小于 300 mm，以调节预制竖向构件安装就位：

（1）垂直墙板方向（Y 向）校正，可利用短钢管斜撑调节杆，对墙板跟部进行微调来控制 Y 向的位置。

（2）平行墙板方向（X 向）校正，可通过在楼板面上弹出墙板位置线及控制轴线来进行墙板位置校正，墙板按照位置线就位后，若有偏差需要调节，则可利用小型千斤顶在墙板侧面进行微调。

（3）墙板水平标高（Z 向）校正，可通过在下层，预先通过水平仪进行调节到预定的标高位置，另外吊装时还通过墙板上弹出的水平控制标高线来调节，墙板吊装时直接就位至钢板上，以此来控制墙板水平标高。

（八）现浇竖向结构施工

墙板间后浇混凝土带连接宜采用工具式定型模板支撑，通过螺栓（预置内螺母）或预留孔洞拉结的方式与预制构件可靠连接，墙板接缝部位及定型模板连接处应采取可靠的密封、防漏浆措施。后浇混凝土浇筑前，应进行所有隐蔽项目的现场检查与验收。装配式混凝土结构的墙板间边缘构件竖向后浇混凝土带的浇筑，应该与水平构件的混凝土叠合层以及按设计非预制而必须现浇的结构（如作为核心筒的电梯井、楼梯间）同步进行，一般选择一个单元作为一个施工段，按先竖向、后水平的顺序浇筑施工。这样后浇混凝土最终将竖向和水平预制构件结构组合成一个整体。

混凝土浇筑完毕后，应按施工技术方案要求及时采取有效养护措施，后浇混凝土养护时间不应少于 14 天。预制墙板斜支撑和限位装置，应在连接节点和连接接缝部位后浇混凝土或灌浆料达到设计要求后拆除；当设计无具体要求时，后浇混凝土或灌浆料应达到设计强度的75%以上方可拆除。

（九）灌浆连接

（1）灌浆连接应编制专项施工方案，灌浆操作工人应培训合格后方可上岗操作。灌浆连接作业流程见图 3-15。

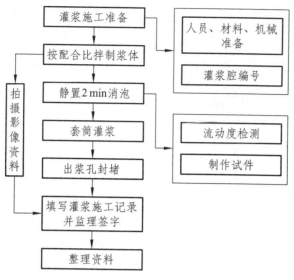

图 3-15　灌浆作业流程

（2）清理墙体接触面。墙体下落前应保持预制墙体与混凝土接触面无灰渣、无油污、无杂物（见图 3-16）。

图 3-16　清扫杂物

（3）铺设垫片。采用高强度垫片将预制墙体的标高找好，使预制墙体标高得到有效控制。

（4）安放墙体。在安放墙体时，应保证每个注浆孔通畅，预留孔洞满足设计要求，孔内无杂物。

（5）调整并固定墙体。墙体安放到位后采用专用支撑杆件进行调节，保证墙体垂直度、平整度在允许误差范围内。

（6）墙体两侧密封。根据现场情况，采用砂浆对两侧缝隙进行密封（见图 3-17），确保灌浆料不从缝隙中溢出，减少浪费。为防止灌浆过程中出现爆仓，注浆前应在封浆料外侧采用木模板支护方式加固封墙（见图 3-18）。灌浆施工应在预制构件底部填缝封仓完成应静置 24 h 后进行。

图 3-17　抹灰封仓

图 3-18　水平缝封堵

（7）润湿注浆孔。注浆前应用水将注浆孔进行润湿，减少因混凝土吸水导致注浆强度达不到要求，且与灌浆孔连接不牢靠的可能性。

（8）拌制灌浆料。搅拌完成后应静置 3~5 min，待气泡排除后方可进行施工。灌浆料流动度在 200~300 mm 间为合格。

（9）进行注浆。采用专用的注浆机进行注浆，该注浆机使用一定的压力，将灌浆料由墙体下部注浆孔注入，灌浆料先流向墙体下部 20 mm 找平层，当找平层注满后，注浆料由上部排气孔溢出，视为该孔注浆完成，并用泡沫塞子进行封堵。至该墙体所有上部注浆孔均有浆料溢出后视为该面墙体注浆完成（见图 3-19）。

图 3-19　灌浆作业

（10）进行个别补注。完成注浆半个小时后检查上部注浆孔是否有因注浆料的收缩、堵塞不及时、漏浆造成的个别孔洞不密实情况。如有，则用手动注浆器对该孔进行补注。

（11）进行封堵。注浆完成后，通知监理进行检查，合格后进行注浆孔的封堵，封堵要求与原墙面平整，并及时清理墙面、地面上的余浆。

四、水平构件施工工艺

（一）预制叠合板施工

对支撑板的剪力墙或梁顶面标高进行认真检查，安装叠合板时底部必须做临时支架（见

图 3-20），采用可调节钢制 PC 工具式支撑，间距不大于 1 500 mm，安装楼板前调整支撑标高与两侧墙预留标高一致。搭设时需装配式叠合楼板技术人员到现场进行指导安装。起始支撑设置根据叠合楼板与边支座的搭设长度来决定，当叠合板与边支座的搭接长度大于或等于 40 mm 时，楼板边支座附近 1.5 m 内无须设置支撑，当叠合板与边支座的搭接长度小于 35 mm 时，需在楼板边支座附近 200～600 mm 范围内设置一道支撑体系；楼板的支撑体系必须有足够的强度和刚度，楼板支撑体系的水平高度必须达到精准的要求，以保证楼板浇筑成型后底面平整，跨度大于 4 m 时中间的位置要适当起拱。

图 3-20　叠合板支撑

在结构层施工中，要双层设置支撑，待一层叠合楼板结构施工完成后，结构跨度≤8 m，现浇混凝土强度≥75%设计强度时，才可以拆除下一支撑。

（1）每块预制构件吊装前测量并弹出相应周边（隔板、梁、柱）控制线。叠合板吊具可采用吊架吊装，保证吊点同时受力、构件平稳。避免起吊过程中出现裂缝、扭曲等问题。

（2）塔吊缓缓将预制板吊起，待板的底边升至距地面 500 mm 时略做停顿，再次检查吊挂是否牢固，并检查板面有无污染破损，若有问题，必须立即处理。确认无误后，继续提升，使之慢慢靠近安装作业面。

（3）叠合板要从上垂直向下安装，在作业层上空 800 mm 处略做停顿，施工人员手扶楼板调整方向，将板的边线与墙上的安放位置线对准，注意避免叠合板上的预留钢筋与墙体钢筋碰撞，放下时要停稳慢放，严禁快速猛放，以避免冲击力过大造成板面震折裂损。5 级风以上时应停止吊装。

（4）调整板位置时，要垫以小木块，不要直接使用撬棍，以避免损坏板边角，并要保证搁置长度，其允许偏差不大于 5 mm。

（5）叠合板安装完后进行标高校核，调节板下的可调支撑。

（6）叠合板支座处纵向钢筋施工易发生的问题：

①叠合板吊装时，因纵向甩出胡子筋，在向支座处安装时易与附近封闭箍筋发生碰撞，叠合板甩出钢筋大部分需要弯折，严重影响钢筋定位和吊装进度。

②因叠合梁采用开口箍筋，当叠合板甩出胡子筋向支座处安装时也有矛盾和难度。同时，应注意在叠合板就位且胡子筋进入支座后，才可能安装叠合梁纵向钢筋。

（7）当一跨板吊装结束后，要根据板周边线、隔板上弹出的标高控制线对板标高及位置进行精确调整，误差控制为 2 mm。

（8）叠合板混凝土浇筑前，应检查结合面粗糙度，并应检查及校正预制构件的外露钢筋。

（9）叠合板在后浇混凝土强度达到设计要求后，方可拆除支撑或承受施工荷载。

（二）预制叠合梁、阳台、空调板施工

（1）悬挑板堆放应满足叠合板堆放要求。每块预制构件吊装前，测量并弹出相应周边（隔板、梁、柱）控制线，弹出构件外挑尺寸及两侧边线，校核高度。

（2）构件吊装的定位和临时支撑非常重要，准确的定位决定着安装质量，而合理地使用临时支撑不仅是保证定位质量的手段，也是保证施工安全的必要措施。悬挑板的临时支撑应有足够的刚度和稳定性，各层支撑应上下垂直。吊装上层悬挑板时，下层至少保留三层支撑。

（3）梁柱节点钢筋交错密集，因此在深化设计时要考虑钢筋位置关系，直接设计出必要的弯折。

（4）叠合式阳台楼板采用钢筋桁架叠合板；全预制阳台和全预制空调板都是按照设计甩出负弯矩钢筋，通过后浇混凝土与结构连接，要保证钢筋位置。

（5）构件就位需调节时，可采用撬棍将构件与控制线进行校核，将构件调整至正确位置，并将锚固钢筋理顺就位，最后应将锚固钢筋与圈梁或板主筋进行绑扎或焊接。叠合梁及叠合梁、空调板吊装见图 3-21、图 3-22。

图 3-21　叠合梁吊装

图 3-22　叠合梁、空调板吊装

（三）预制楼梯施工

（1）检查核对构件编号，确定安装位置，弹出楼梯安装控制线，对控制线及标高进行复核。楼梯侧面距结构墙体预留 20 mm 空隙，为后续初装的抹灰层预留空间；梯井之间根据楼梯栏杆安装要求预留 40 mm 空隙。在楼梯段上下楼梯梁处铺 20 mm 厚找平砂浆，找平砂浆标高要控制准确。

（2）工艺流程：熟悉设计图纸并核对编号→楼梯上下口铺 20 mm 砂浆找平层→划出控制线→复核→楼梯板起吊→楼梯板就位→校正→灌浆→隐检→验收。

（3）预制楼梯采用水平吊装，用螺栓将通用吊耳与楼梯板预埋吊装内螺母连接，起吊前检查卸扣卡环，确认牢固后方可继续缓慢起吊。调整索具铁链长度，使楼梯段休息平台处于水平位置，试吊预制楼梯板，检查吊点位置是否准确，吊索受力是否均匀等；试起吊高度不应超过 1 m。

（4）楼梯吊至梁上方 30～50 cm 后，调整楼梯板边线位置基本与控制线吻合。就位时楼梯板保证踏步平面呈水平状态从上吊入安装部位，在作业层上空 30 cm 左右处略做停顿，施工人员手扶楼梯板调整方向，将楼梯板的边线与梯梁上的安放位置线对准。

（4）就位时要求缓慢操作，严禁快速猛放，以免造成楼梯板震折损坏。楼梯板基本就位后，根据控制线，利用撬棍微调、校正，先保证楼梯两侧准确就位，再使用水平尺和手动葫芦调节楼梯水平。

（5）基本就位后再用撬棍微调楼梯板，直到位置正确，搁置平实。安装楼梯板时，应特别注意标高正确，校正后再脱钩。

（6）楼梯段校正完毕后，将楼梯段上口预埋件与平台预埋件用连接角钢进行焊接，焊接完毕，接缝部位采用等同坐浆标准进行灌浆。

（四）预制构件拼缝处理

1. 预制叠合楼板拼缝处理

（1）预制叠合楼板拼缝分为分离式接缝（单向板）和整体式接缝（双向板）。

（2）在墙板和楼板混凝土浇筑之前，应派专人对预制楼板底部拼缝及其与墙板之间的缝隙进行检查，对一些缝隙过大的部位进行支模封堵处理。

（3）叠合板板面混凝土浇筑前，分离式拼缝板顶塞缝选用干硬性砂浆并掺入水泥用量 5% 的防水粉。

（4）分离式拼缝处紧邻预制板顶面应设置垂直于板缝方向的附加钢筋，钢筋两端伸入两侧预制叠合板边的第一道桁架筋进行固定，锚固长度不应小于 15d（d 为附加钢筋直径）。拼缝处钢筋严禁漏放、错放。

（5）附加钢筋截面面积不宜小于预制楼板中该方向钢筋面积，钢筋直径不宜小于 6 mm，间距不宜大于 250 mm。

（6）双向板采用整体式接缝，接缝位置宜设置在叠合板的次要受力方向上且宜避开最大弯矩截面。后浇带宽度不宜小于 200 mm，后浇带两侧板底纵向受力钢筋可在后浇带中焊接、搭接、弯折锚固、机械连接。

（7）现浇叠合层钢筋为单层双向钢筋，绑扎钢筋前清理干净叠合板上的杂物，根据钢筋间距准确绑扎，钢筋绑扎时穿入叠合楼板上的桁架；钢筋上铁的弯钩朝向要严格控制，不得平躺。

（8）双向板钢筋放置：当双向配筋的直径和间距相同时，短跨钢筋应放置在长跨钢筋之下；当双向配筋直径或间距不同时，配筋大的方向应放置在配筋小的方向之下。

2. 预制阳台、空调板施工缝处理

（1）采用背衬材料、密封胶填充，外饰面采用发泡剂保护。

（2）水平施工缝保温部分可采用保温板填充，保证保温的连续性。

思考题

1. 简述项目管理规划大纲与项目管理实施规划之间的关系。
2. 简述装配式建筑项目管理策划的核心工作。
3. 简述施工组织设计的概念与作用。
4. 简述装配式建筑项目施工组织设计的主要内容。
5. 简述装配式建筑项目施工总平面图设计要点。
6. 阐述施工现场总平面布置要解决的关键问题。
7. 简述预制构件起重吊装专项方案的主要内容。

第四章　装配式建筑项目进度控制

装配式建筑的施工特点是现场施工以构件装配为主，实现在保证质量的前提下快速施工，缩短工期，节省成本，节能环保。项目进度、质量、安全、成本等是工程项目的控制目标，它们之间是相互联系、相互作用的，是不可分割的整体，缺一不可。同传统现浇建筑项目进度控制相比，装配式建筑项目进度管理计划性更强，与设计单位、构件生产单位等单位关联度大，因此，必须针对项目特点，制订科学合理的施工进度计划，并在实施的过程中予以动态调整。在装配式建筑设计和施工方案的策划中都应考虑对进度的影响。项目前期应提前同设计单位、建设单位、监理单位和预制构件生产单位沟通，确定工程深化设计图纸内容及土建专业同水暖电通及智能化等各个专业的协调、预制构件及部品的生产安排。

第一节　装配式建筑项目进度控制概述

一、进度控制的定义

工程建设项目的进度控制是指在既定的工期内，对工程项目各建设阶段的工作内容、工作程序、持续时间和逻辑关系编制最科学合理的施工进度计划。为保证计划能够按期实施，在项目部管理方式、资金使用、劳力使用及安排、材料订购及使用、机械使用等诸方面做好针对性工作；在项目具体实施过程中，项目部应经常检查实际进度是否按计划要求进行，分析影响计划进度的各种不利因素，及时调整计划进度或提出弥补措施，直至工程达到验收条件，交付竣工使用。进度控制的最终目标是确保进度目标的实现，或者在保证施工质量和不增加施工实际成本的前提下，适当缩短施工工期。

需要注意的是，装配式建筑项目进度控制方法同传统现浇建筑项目进度控制方法有较大不同，装配式建筑使用的构件一般委托给预制构件生产企业生产，室内装饰也有部分工作内容，如门窗、整体厨卫等委托给施工现场外的其他生产企业生产并运输到现场，现场湿作业明显减少，因此装配整体式建筑项目进度控制方法应体现其独有的特点。

二、项目施工的组织形式

考虑装配式建筑项目的施工特点、工艺流程、资源利用、平面或空间布置等要求，其施工可以同传统现浇建筑项目一样，采用依次施工、平行施工、流水施工等组织形式。

（1）依次施工。将拟建项目划分为若干个施工过程，每个施工过程按施工工艺流程顺次进行施工，前一个施工过程完成之后，后一个施工过程才开始施工。构件生产宜采用依次施工，如果只有一条生产线时，构件生产一般为依次预制。

（2）平行施工。平行施工通常在拟建项目工期十分紧迫时采用。在工作面、资源供应允许的前提下，可布置多台吊装机械、组织多个相同的操作班组，在同一时间、不同的施工段上同时组织施工。

（3）流水施工。流水施工是将拟建工程划分为若干个施工段，并将施工对象分解成若干个施工过程，按照施工过程成立相应的操作班组，如支模班组、绑扎钢筋班组、构件吊装班组、水电暖通配管班组、浇筑混凝土班组等，各作业班组按施工过程顺序依次完成施工段内的施工过程，依次从一个施工段转到下一个施工段，施工在各施工段、施工过程上连续、均衡地进行，使相应专业班组间实现最大限度的搭接施工。例如，装配式建筑项目每楼层仅水平构件为预制构件，竖向构件为现浇混凝土，单位工程预制率不够高时可采用流水施工。

三、进度控制的程序

装配式建筑项目的进度控制程序同传统现浇结构项目进度控制相同，需要按照以下 5 个步骤来进行：

（1）确定进度目标，明确进度计划开工日期、计划总工期和计划竣工日期，并确定项目分期分批的开工、竣工日期。

（2）编制施工进度计划，具体安排实现计划目标的工艺关系、组织关系、搭接关系、起止时间、劳动力计划、材料计划、机械计划及其他保证性计划，并使其得到各个方面（如施工企业、业主、监理）的批准。

（3）实施进度计划，由项目经理部的工程部调配各项施工项目资源，组织和安排各工程队按进度计划的要求实施工程项目。

（4）施工项目进度检查与调整，在施工项目部计划、质量、进度、安全、材料、合同等各个职能部门的协调下，定期检查各项活动的完成情况，记录项目实施过程中的各项信息，用进度控制比较方法判断项目进度完成情况。如进度出现偏差，则应调整进度计划，以实现项目进度的动态管理。

（5）阶段性任务或全部完成后，应进行进度控制总结，并编写进度控制报告。

四、进度控制的措施

装配式建筑项目进度控制的措施主要有组织措施、管理措施、经济措施和技术措施等。

（一）组织措施

为了实现项目进度控制目标，应建立健全的项目进度管理组织体系；设置专门的工作部门和具有进度控制岗位资格的专人负责进度控制工作；在职能分工和岗位职责中明确进度控制的工作任务，确保进度目标得到充分的分析和论证；编制进度计划，定期跟踪进度计划的执行情况，采取纠偏措施及调整进度计划。

（二）管理措施

建筑工程项目进度控制的管理措施涉及管理的思想、管理的方法、管理的手段、承发包模式、合同管理和风险管理等。进度控制需要树立正确的管理观念，包括进度计划系统的观念、动态管理的观念、进度计划多方案比较和选优的观念；运用科学的管理方法和工程网络计划的方法编制进度计划，实现进度控制的科学化；选择合适的承发包模式，以避免过多的合同交界面影响工程的进展；采取风险管理措施，以减少进度失控的风险量；重视信息技术在进度控制中的应用。

（三）经济措施

进度控制的措施涉及资金需求计划、资金供应的条件和经济激励措施等。为保证进度控制目标的实现，应编制与进度计划相适应的资源需求计划，包括资金和其他资源（专业化项目管理团队、吊装队伍）需求计划。比如，专项施工员会同项目经理确保专项工程进度的资金落实；留足采购预制构件及相关材料的专项资金；按时发放作业班组或分包方工资；对施工操作人员采用必要的奖惩手段，保证施工工期按时完成。项目经理及专项施工员利用分包合同或其他经济责任状，对预制构件生产单位和施工现场作业班组或劳务队人员进行控制约束，采取"提前奖励、拖后处罚"的方法，确保预制构件专项施工安装进度按时完成。

（四）技术措施

进度控制的技术措施涉及对实现进度目标有利的设计技术和施工技术的选用。采用新工艺、新技术、新材料、新设备及适用的操作方法，如：预制叠合楼板采用钢独立支撑或盘扣式脚手架系统；选用合理的吊装机械或开发装配式项目专用的吊装机械及机具；后浇混凝土部分采用定型钢模板、塑料模板或铝模板及支撑系统。在工程进度计划制定或者进度受阻时，应分析设计技术和施工技术对进度的影响因素，有无改变施工技术、施工方法和施工机械的可能性。

五、进度控制要点

装配式建筑项目主要有以下进度控制要点：

（1）为保障工期目标实现，在工程进行过程中应投入相当数量的劳动力、机械设备、管理人员，并根据施工方案合理有序地对人力、机械、物资进行有效调配，方可确保计划中各施工节点如期完成。

（2）正常情况下，预制装配式 EPC 厂家在接收到确定的装配式拆分方案施工图后，从工艺深化设计到模具制作生产拼装，再到首批预制构件可以发货进场，周期不超过 60 个日历天。

（3）预制构件制作前，构件采购方应组织深化设计单位对构件工厂进行生产前的技术交底。

（5）首批预制构件隐蔽验收前，预制构件工厂应组织项目甲方、监理方、采购方、设计院共同对构件进行隐蔽验收。

（6）预制装配式构件正式吊装前，项目甲方应组织设计院、深化设计单位到项目现场对监理方、总包方、吊装单位进行施工前的技术交底，着重强调装配式节点部位与传统施工工艺的不同点及具体施工要求。

（6）预制构件进场前，构件厂应已完成不少于 3 个楼层的构件，方可确保现场吊装施工启动后不会因为等待构件供应而窝工。

（7）项目第一批次构件吊装时，由于施工队伍熟悉图纸需要一个过程，现场不同施工班组的穿插配合需要磨合，标准层进度含传统施工部分的第一个楼层按 12 天/层，第二个楼层按 10 天/层，第三个楼层按 8 天/层，进入第四个楼层已基本完成磨合，可以按 7 天/层或 6 天/层进行进度计划编制。

（8）为保证现场施工的连续性，应在开工前由构件采购方根据项目进度计划要求组织构件厂、吊装队就需求计划、吊装顺序及运输相关事宜进行充分讨论协商出吊装进度、生产排产、供货计划。为了标准层各工种有效衔接，吊装队应根据吊装顺序、工序而接、施工进度等情况反提装车顺序、车载数量、构件进场时间等要求给构件厂。

（9）吊装施工过程中，楼栋和楼栋之间也可以组织流水施工，正常情况下每个熟练的吊装班组可以负责 2~3 栋楼栋的流水施工；每栋楼高层每层单独进行流水施工组织，流水段可按单元划分，每个单元墙体分一个流水段，顶板为一个流水段。

（10）当建筑单体的外围护墙体设计的是装饰、保温与窗框预埋综合一体的构件时，主体结构装配施工完成后，外围墙体竖向施工大幅减少且工艺时间大幅缩短，只要完成外围墙体的拼缝封闭和外窗封闭及楼层断水，即可为室内装修创造穿插施工作业的条件。在此基础上，可以进行高层单体建筑的室内精装立体穿插施工。

第二节　装配式建筑项目进度计划的编制

一、施工进度计划

（一）施工进度计划的定义

施工进度计划是将项目所涉的各项工作、工序进行分解后，按照工作开展顺序、开始时间、持续时间、完成时间及相互之间的衔接关系编制的作业计划。通过进度计划的编制，使项目实施形成一个有机的整体，同时，进度计划也是进度控制管理的依据。

施工进度计划是施工现场各项施工活动在时间、空间上先后顺序的体现。合理编制施工进度计划就必须遵循施工程序的规律，根据施工方案和工程开展程序去组织施工，才能保证各项施工活动的紧密衔接和相互促进，充分利用资源，确保工程质量，加快施工速度，达到最佳工期目标。同时，还能降低建筑工程成本，充分发挥投资效益。

（二）施工进度计划的分类

施工进度计划按编制对象的不同可分为建设项目施工总进度计划、单位工程进度计划、分阶段（或专项工程）工程进度计划、分部分项工程进度计划。

1. 建设项目施工总进度计划

施工总进度计划是以一个建设项目或一个建筑群体为编制对象，用以指导整个建设项目或建筑群体施工全过程进度控制的指导性文件。它按照总体施工部署确定每个单项工程、单位工程在整个项目施工组织中所处的地位，也是安排各类资源计划的主要依据和控制性文件。

建设项目施工总进度计划涉及地下地上工程、室外室内工程、结构装饰工程、水暖电通、弱电、电梯等各种施工专业，施工工期较长，特别是遇到一个建设项目或一个建筑群体中部分单体建筑是装配式建筑，而另一些建筑是传统非装配式建筑的情况，故其计划项目主要体现综合性、全局性。建设项目施工总进度计划一般在总承包企业的总工程师领导下进行编制。

2. 单位工程进度计划

单位工程进度计划是以一个单位工程为编制对象，在项目总进度计划控制目标下，用以指导单位工程施工全过程进度的指导性文件。它所包含的施工内容比较具体明确，施工期较短，故其作业性较强，是进度控制的直接依据。单位工程开工前，由项目经理组织，在项目技术负责人领导下编制单位工程进度计划。

装配式建筑项目的单位工程进度计划编制需要考虑装配式项目施工过程的诸多因素，例如，拟施工的单位工程中的竖向和水平构件都采用预制构件或部品，还是仅水平构件采用预制构件，应充分考虑工程开工前现场布置情况、吊装机械布置情况和最大起重量情况；地基与基础施工时，考虑开挖范围内如何布置预制构件情况；主体结构施工安装时，考虑预制构件安装顺序和每个预制构件安装时间及必要的辅助时间；预制构件吊装安装时，考虑同层现浇结构如何穿插作业。

3. 分阶段工程（或专项工程）进度计划

分阶段工程（或专项工程）进度计划是以工程阶段目标（或专项工程）为编制对象，用以指导其施工阶段（或专项工程）实施过程的进度控制文件。装配式建筑项目吊装施工适用于编制专项工程进度计划，该专项工程进度计划应具体明确预制构件进场时间批次及堆放场地并绘图表示；充分说明对于钢筋连接工序时间、预制构件安装节点；清晰展示同层现浇结构的模板及支撑系统、钢筋、浇筑混凝土。

4. 分部分项工程进度计划

分部分项工程进度计划是以分部分项工程为编制对象，用以具体实施操作其施工过程进度控制的专业性文件。

分阶段工程（或专项工程）进度计划和分部分项工程进度计划的编制对象为阶段性工程目标或分部分项细部目标，目的是把进度控制进一步具体化、可操作化，是专业工程具体安排控制的体现。此类进度计划与单位工程进度计划类似，比较简单、具体，通常由专业工程师与负责分部分项的工长进行编制。

（三）装配式建筑项目进度计划的分解

根据装配式建筑项目的总进度计划编制装配式建筑项目结构施工进度计划，构件生产厂根据装配式项目结构施工进度计划编制构件的生产计划，保证构件能够连续供应，见图4-1。与常规项目不同，装配式建筑主体结构施工还需编制构件的安装计划，细化为季度计划、月计划、周计划等，并将计划与构件厂进行对接，以此指导预制构件的进场。

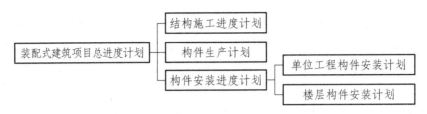

图 4-1　装配式建筑项目进度计划的分解

二、装配式建筑项目施工进度计划编制

（一）装配式建筑项目进度计划编制依据

装配式建筑项目施工进度计划编制首先是根据国家现行的有关设计、施工、验收规范，如《装配式混凝土结构技术规程》(JGJ 1)、《装配式混凝土建筑技术标准》(GB/T 51231)、《混凝土结构工程施工质量验收规范》(GB 50204)、《混凝土结构工程施工规范》(GB 50666)；其次是根据省市地方规程及单位工程施工组织设计；最后依据工程项目施工合同、工程项目预制（装配）率、预制构件生产厂家的生产能力、预制构件最大重量和数量、拟用的吊装机械规格数量、施工进度目标、专项构件拆分和深化设计文件，结合施工现场条件、有关技术经济资料进行编制。

（二）进度计划的编制方法

1. 横道图法

横道图法是最常见且普遍应用的计划编制方法。横道计划图是按时间坐标绘出的，横向线条表示工程各工序的施工起止时间先后顺序，整个计划由一系列横道线组成。它的优点是易于编制、简单明了、直观易懂、便于检查和计算资源，特别适合于现场施工管理。但是，作为一种计划管理的工具，横道图法存在不足之处。首先，不容易看出工作之间的相互依赖、相互制约的关系；其次，反映不出哪些工作决定了总工期，更看不出各工作分别有无伸缩余地（即机动时间），有多大的伸缩余地；再者，由于它不是一个数学模型，不能实现定量分析，无法分析工作之间相互制约的数量关系；最后，横道图不能在执行情况偏离原订计划时，迅速而简单地进行调整和控制，更无法实行多方案的优选。

2. 网络计划技术法

与横道图相反，网络计划技术法能明确地反映出工程各组成工序之间的相互制约和依赖关系，可以用它进行时间分析，确定出哪些工序是影响工期的关键工序，以便施工管理人员集中精力抓施工中的主要矛盾，减少盲目性。而且它是一个定义明确的数学模型，可以建立各种调整优化方法，并可利用计算机进行分析计算。在实际施工过程中，应注意横道计划和网络计划的结合使用，即在应用计算机编制施工进度计划时，先用网络计划技术法进行时间分析，确定关键工序，进行调整优化，然后输出相应的横道计划用于指导现场施工。

装配式建筑项目进度计划，一般选择采用双代号网络图和横道图，其图表中宜有资源分配。进度计划编制说明的主要内容有进度计划编制依据、计划目标、关键线路说明、资源需求说明。

三、进度计划编制原则

施工程序和施工顺序随着施工规模、性质、设计要求，以及装配式建筑项目施工条件和使用功能的不同而变化，但仍有可供遵循的共同规律，在装配式建筑项目施工进度计划的编制过程中，应充分考虑与传统混凝土结构项目施工的不同点，以便于组织施工。装配式项目施工进度计划编制应遵循以下原则：

（1）需多专业协调深化设计图纸。

（2）需事先编制构件生产、运输、吊装方案，事先确定塔式起重机选型。

（3）需考虑现场堆放预制构件平面布置。

（4）由于钢筋套筒灌浆作业受温度影响较大，宜避免冬期施工。

（5）预制构件装配过程中，应单层分段分区吊装施工。

（6）既要考虑施工组织的空间顺序，又要考虑构件装配的先后顺序。在满足施工工艺要求的条件下，尽可能地利用工作面，使相邻两个工种在时间上合理地、最大限度地搭接起来。

（7）穿插施工，吊装流水作业。通过流水段有效进行穿插，通过工序的排列，找出塔吊空闲期，利用塔吊空闲期组织构件进场、卸车，不影响结构正常施工。通过清晰的工序计划管理，使现场施工质量控制、进度控制、安全控制、文明施工控制做到常态化、标准化。

四、进度计划编制

装配混凝土结构进度安排同传统现浇结构不同，应充分考虑生产厂家的预制构件及其他材料的生产能力，应提前 60 天以上对所需预制构件及其他部品同生产厂家沟通并订立合同，分批加工采购，应充分预测预制构件及其他部品运抵现场的时间，编制施工进度计划，科学控制施工进度，合理安排计划，合理使用材料、机械、劳动力等，动态控制施工成本费用。

（一）工程量统计

装配式结构由现浇部分、预制构件及现浇节点共同组成，故总体工程量计算需分开进行。单层工程量能够显示出现浇施工方式与装配式结构施工方式两者在钢筋、模板、混凝土三大主材消耗数量上的不同。另外，单层的构件数量也给堆放场地、模板架子、装配式工器具的布设及数量提供依据。

1. 现浇节点工程量

装配层现浇节点的标准层钢筋、模板、混凝土消耗量由每个节点及电梯井、楼梯间的现浇区域逐一计算而来，如表 4-1 所示。

2. 预制构件分类明细及单层统计

预制构件的统计是对构件分类明细、单层构件型号及数量进行统计汇总，通过统计表掌握构件的型号、数量、分布，为后续吊装、构件进场计划等工作的开展提供依据（见表 4-2）。

单层构件统计表是针对每层构件进行统计，包括外墙板、内墙板、外墙装饰板、阳台隔板、阳台装饰板、楼梯梯段板、楼梯隔板、叠合板、阳台板及悬挑板等的数量，为流水段划分提供基础依据（见表 4-3）。

表 4-1   工程现浇节点工程量统计（示意）

施工段	节点编号	节点构成	外围周长/m	面积/m²	墙高（梁高）/m	混凝土量/m³	模板接触面积/m²	钢筋/t
Ⅰ段	1	XQ1+GYZ3+AZ3	5.85	0.625	2.73	1.71	15.97	147.76
	2	XQ1+GYZ1+AZ3	6.4	0.69	2.73	1.88	17.47	163.13
	3	GYZ4	1.8	0.23	2.73	0.63	4.91	54.38
	…							
Ⅱ段	…							

表 4-2   预制构件汇总统计

类型	数量/块	最重构件编号	最重构件尺寸
外墙板			
内墙板			
叠合板			
阳台板			
空调板			
梯段板			
PCF 板			
……			

表 4-3   单层构件数量统计

墙体构件/块		其他竖向构件/块			楼梯构件/块		水平构件/块			……
外墙板	内墙板	外墙装饰板	阳台隔板	阳台装饰板	楼梯梯段	楼梯隔板	叠合板	阳台板	悬挑板	

3. 总体工程量统计

最后现浇部分、预制构件及现浇节点共同组成装配式工程总体工程量统计表（见表 4-4）。

表 4-4   ××工程总体工程量统计

施工材料	部位	单层工程量	总体工程量	
		装配层（××层以上）	现浇层	装配层	现浇层
钢筋/t	墙体				
	顶板				
模板	墙体				
	顶板				
混凝土	墙体				
	顶板				
预制墙体/块	内				
	外				

施工材料	部位	单层工程量		总体工程量	
		装配层（××层以上）	现浇层	装配层	现浇层
叠合板/块	—				
阳台板	—				
空调板	—				
楼梯板	—				
PCF 板	—				
……					

（二）流水段划分与单层施工流水组织

1. 流水段划分

流水段划分是工序、工程量计算的依据，二者又相互影响，各流水段的工序工程量要大致相当。在工程施工中，应根据实际情况，调整流水段划分位置，以达到最优资源配置。流水段划分应根据现场场地及机械布置、塔吊施工半径、装配式建筑施工特点进行合理划分。为使施工段划分得合理，应遵循下列原则：

（1）为了保证流水施工的连续、均衡，划分的各个施工段上，同一专业工作队的劳动量应大致相等，相差幅度不宜超过 10% ~ 15%。

（2）为了充分发挥机械设备和专业工人的生产效率，应考虑施工段对于机械台班、劳动力的容量大小，满足专业工种对工作面的空间要求，尽量做到劳动资源的优化组合。

（3）为便于组织流水施工，施工段数目的多少应与主要施工过程相协调，施工段划分过多，会增加施工持续时间，延长工期；施工段划分过少，不利于充分利用工作面，可能造成窝工。

（4）对于多层建筑物、构筑物或需要分层施工的工程，应既分施工段，又分施工层。

以某装配式建筑为例，单层建筑面积 820 m^2 左右，单层 8 户的项目，单层构件预制墙体 100 多块，水平预制构件 100 多块，在同一层分为两个流水段（每一个流水段预制构件为 100 多块）（见图 4-2）。

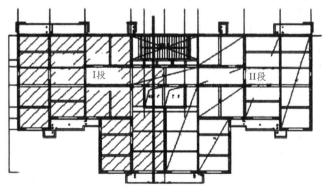

图 4-2　水平流水段划分（示意）

2. 吊装耗时分析

吊装耗时分析有两种方法，一种是吊装耗时分析以单个不同构件的吊装工序耗时（见表

4-5）分析为基础，考虑钢筋或者混凝土的吊时，然后计算出标准层吊装总耗时（见表 4-6）；另外一种是不区分构件种类，考虑高度对构件吊装耗时的影响。以高层装配式建筑项目铝模板施工为例，将影响塔吊使用的工序按竖向排列，将塔吊本身的施工顺序过程按横向排列，编制吊次计算分析表如表 4-7 所示。

表 4-5　单个构件吊装工序耗时分析　　　　　　　　　　　　　　　　　　单位：h

吊装工序	预制外墙板	预制阳台	预制叠合板	预制楼梯
起吊	2	2	2	2
回转	1.5	2	2	2
安装就位	10	10	10	10
安装微调	5	10	5	5
松钩	2.5	3	3	2.5
落钩	1.5	1.5	1.5	1.5
平均耗时	22.5	28.5	23.5	23

表 4-6　各栋标准层吊装耗时分析

构件数量 楼栋号	预制外墙板 /块	预制阳台 /块	预制叠合板 /块	预制楼梯 /块	总耗时/min
5A 栋	8	1	48	4	1 428.5
5B 栋	8	1	48	4	1 428.5
5C 栋	7	2	47	4	1 434.5

表 4-7　某项目塔吊吊次分析（示意）

铝模	工序	预备挂钩时间 /min	安全检查时间 /min	起升时间 /min	回转就位时间 /min	安装作业时间 /min	落钩起升回转时间 /min	下降至地面时间/min	每吊总耗时 /min	吊次	占用时间 以分钟计/min	占用时间 以小时计/h	总耗时 /h
N	构件	1	1	2	1	10	1	2	18	96	1 728	29	48
	钢筋	1	1	2	1	4	1	2	12	5	60	1	
	浇筑混凝土	1	1	2	1	10	1	2	18	61	1 098	18	
N+1 层到 N+10 层	构件	1	1	3	1	5	1	3	15	96	1 440	24	40
	钢筋	1	1	3	1	4	1	3	14	5	70	1	
	浇筑混凝土	1	1	3	1	5	1	3	15	61	915	15	
N+11 层到 N+20 层	构件	1	1	4	1	5	1	4	17	96	1 632	27	46
	钢筋	1	1	4	1	4	1	4	16	5	80	1	
	浇筑混凝土	1	1	4	1	5	1	4	17	61	1 037	17	

　　一般装配式建筑项目竖向模板支撑体系以大钢模板和铝合金模板为主，大钢模板在安装、拆卸过程中需要占用塔吊吊次，而铝合金模的安装及拆卸基本不占用吊次。由于首层吊装不

熟练，耗时要长一些。

3. 工序流水分析

按照计算完的工序工程量，充分考虑定位甩筋、坐浆、灌浆、水平构件、竖向构件的吊装、顶板水电安装等工序所需的技术间歇。以天为单位，确定流水关键工序。由于施工队伍图纸熟悉需要一个过程，现场不同施工班组的穿插配合需要磨合，前期每层需要10天左右，进入第四个楼层已基本磨合完成，可以实现 7 天一层吊装。理想情况下，装配式建筑项目标准层施工可以做到 6 天一层。

第 1 天：混凝土养护好，强度达到要求后放线吊装预制外墙板、楼梯；

第 2 天：吊装预制内墙板，叠合梁（绑扎节点钢筋，压力注浆）；

第 3 天：吊装叠合楼板，阳台，空调板等（绑扎节点钢筋，节点支模）；

第 4 天：水电布管，绑扎平台钢筋，木工支模，叠合板调平；

第 5 天：绑扎平台钢筋，木工支模，加固排架；

第 6 天：混凝土浇筑，收光、养护、建筑物四周做好隔离防护。

4. 单层流水组织

单层流水组织是以塔吊占用为主导的流水段穿插流水组织，具体到小时，见图 4-3。可将白天 12 h 划分为多个时段，并进一步将工序模块化，同时体现段与段之间的技术间歇，以及每天、每个时段的作业内容对应的质量控制、材料进场与安全文明施工等管理内容。尤其对构件进场到存放场地，劳动力组织，与结构主体吊装之间的塔吊使用时间段协调方面有着极大的指导意义。在整个装配式施工阶段，循环作业计划可悬挂于栋号出入口，作为每日工作重点的提示。

例如，某装配式建筑群由 3 栋单体建筑组成，一台塔吊负责 C 栋建筑构件吊装，一台负责 A、B 栋建筑构件吊装。标准层施工工期安排如表 4-8 和表 4-9 所示。

表 4-8　C 栋标准层施工工期安排

第 1 天	6:30～8:30	测量放线、下层预制楼梯吊装
	8:30～15:30	爬架提升
	8:30～18:30	预制外墙板吊装、绑扎部分墙柱钢筋
第 2 天	6:30～12:00	竖向构件钢筋绑扎及验收，
	12:30～17:30	墙柱铝模安装
第 3 天	6:30～12:00	墙柱铝模安装
	12:30～19:30	梁板铝模安装、穿插梁钢筋绑扎
第 4 天	6:30～18:30	预制叠合板、预制阳台吊装
第 5 天	6:30～18:30	预制叠合板、预制阳台吊装
第 6 天	6:30～12:00	预制叠合板、预制阳台吊装
	13:00～15:30	板底筋绑扎
	15:30～19:30	水电预埋
第 7 天	6:30～11:30	板面筋绑扎、验收
	12:30～18:30	混凝土浇筑

表 4-9　A、B 栋标准层施工工期安排（一台塔吊负责两栋塔楼吊装）

工期	时间	B 栋	A 栋	塔吊利用率
第 1 天	6:30～8:30	测量放线	墙柱铝模安装	中
	8:30～15:30	爬架提升、下层预制楼梯吊装	墙柱铝模安装	
	8:30～18:30	预制外墙板吊装、绑扎部分墙柱钢筋	梁板铝模安装、穿插梁钢筋绑扎	
第 2 天	6:30～12:00	竖向构件钢筋绑扎及验收	预制叠合板、预制阳台吊装	高
	12:30～17:30	墙柱铝模安装		
第 3 天	6:30～12:00	墙柱铝模安装	预制叠合板、预制阳台吊装	高
	12:30～19:30	梁板铝模安装、穿插梁钢筋绑扎		
第 4 天	6:30～12:00	预制叠合板、预制阳台吊装	预制叠合板、预制阳台吊装	高
	13:00～15:30		板底筋绑扎	
	15:30～19:30		水电预埋	
第 5 天	6:30～11:30	预制叠合板、预制阳台吊装	板面筋绑扎、验收	高
	12:30～18:30		混凝土浇筑	
第 6 天	6:30～12:00	预制叠合板、预制阳台吊装	测量放线、爬架提升	中
	13:00～15:30	板底筋绑扎	爬架提升、下层预制楼梯吊装	
	15:30～19:30	水电预埋	预制外墙板吊装、绑扎部分墙柱钢筋	
第 7 天	6:30～11:30	板面筋绑扎、验收	竖向构件钢筋绑扎及验收	低
	12:30～18:30	混凝土浇筑	墙柱铝模安装	

5. 装配式建筑主体结构施工进度计划

以标准层施工工期安排为基础，考虑吊装的不断熟悉、逐渐提高效率乃至稳定的过程，制定主体结构施工进度计划，如表 4-10 所示。

表 4-10　某装配建筑主体结构标准层施工进度计划

任务名称	工期/天	开始时间	完成时间	备注
总工期	199	2019 年 05 月 05 日	2019 年 11 月 20 日	
5 层	15	2019 年 05 月 05 日	2019 年 05 月 19 日	
6 层	9	2019 年 05 月 20 日	2019 年 05 月 28 日	
7 层	8	2019 年 05 月 29 日	2019 年 06 月 05 日	
8～10 层	21	2019 年 06 月 06 日	2019 年 06 月 26 日	7 天/层
11～20 层	70	2019 年 06 月 27 日	2019 年 09 月 04 日	7 天/层
21～31 层	77	2019 年 09 月 05 日	2019 年 11 月 20 日	7 天/层

（三）工程项目总控计划

针对装配式建筑项目构件安装精度高、外墙为预制保温夹心板、湿作业少等特点，项目总控计划应从优化工序、缩短工期的目的出发，利用附着式升降脚手架、铝合金模板、施工外电梯提前插入、设置止水、导水层等工具或方法，使结构、初装修、精装修同步施工，实现从内到外、从上到下的立体穿插施工。

首先，对装配式建筑项目进行工序分析，将所有工序从结构施工到入住所有程序逐一进行分析，绘制工序施工图。

其次，其次根据总工期要求，通过优化结构施工工序，提前插入初装修、精装修、外檐施工，实现总工期缩短的目标。

最后，结构工期确定后，大型机械的使用期也相应确定，在总网络图中显示出租赁期限，并根据开始使用的时点，倒排资质报审时间、基础完成时间、进场安装时间。在机械运行期间，还能根据所达到的层高，标出锚固点，便于提前做好相关准备工作。

1. 总控网络计划

根据总工期要求及结构、初装、精装工期形成总控网络计划。总控网络计划需要若干支撑性计划，包括结构工程施工进度计划、粗装施工进度计划、精装施工进度计划、材料物资采购计划、分包进场计划、设备安拆计划、资金曲线、单层施工工序、流水段划分等。这种网络总控计划在体现穿插施工上有极大优势。"结构→初装→精装"三大主要施工阶段的穿插节点一目了然。在进度管理中的更重要意义在于指导物资采购及分包进场。

2. 立体循环计划

根据总控网络计划及各分项计划，利用调整人员满足结构、装修同步施工的原则形成立体循环计划，如图4-3所示。

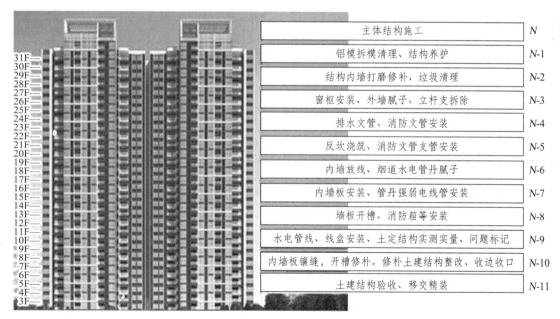

图4-3 某项目穿插施工

楼层立体穿插施工可表现为：N 层结构，N+1 层铝模倒运，N+2 层和 N+3 层外檐施工，N+4 层导水层设置，N+5 层上下水管安装，N+6 层主框安装，N+7 层二次结构砌筑，N+8 层隔板安装、阳台地面、水电开槽，N+9 层地暖及地面，N+10 层卫生间防水、墙顶粉刷石膏，N+11

层墙地砖、龙骨吊顶，$N+12$ 层封板、墙顶刮白，$N+13$ 层公共区域墙砖、墙顶打磨，$N+14$ 层墙顶二遍涂料、木地板、木门、橱柜，$N+15$ 层五金安装及保洁。

（四）构配件进场组织

构件进场计划是产业化施工与常规施工相比的不同之处，但是其本质上与常规施工的大宗材料进场计划相同。在结构总工期确定以后，构件进场计划就能完成，与之同步完成的还有构件存放场地的布置以及预制构配件进场计划。在工程实施阶段，应根据实际进度及与构件厂沟通情况，编制细化到进场时点和整层各类构件规格的实操型进场计划（见表 4-11、表 4-12）。

表 4-11　某装配式项目预制构件进场计划

部位	墙体		楼梯及隔墙		其他竖向构件		叠合板		阳台板及悬挑板	
	进场日期	数量	进场日期	数量	进场日期	数量	进场日期	数量	进场日期	数量

表 4-12　某装配式项目配件进场计划

工序	配件名称	规格	数量	进场时间		备注
				绝对日期	相对日期	
墙体支撑	斜支撑					整层
	钢垫片					整层
墙体吊装	定位钢板					整层
注浆	橡塑棉					整层
	堵头					整层
	灌浆料					整层
	座浆料					整层
顶板	圈边龙骨					整层
	圈边龙骨螺栓					整层
	独立支撑					按 2 层配

（五）资金曲线

根据项目施工总计划网络，在资金流层面生成由时间轴和施工内容节点组成的资金曲线。横坐标是时间，纵坐标是资金使用百分比，形成一条累积曲线。

曲线坡度陡的区段说明资金投入百分比增长快，曲线显示，整个结构施工阶段坡度最陡。通过具体施工任务的实施，反馈到具体时间点，形成"月、季度、年度"的资金需求。这条曲线，从甲方角度来看，是工程款支付的比例和程度，在曲线坡度变陡之前，应准备充足的资金，保证工程正常运转；从施工方来看，是每月完成形象部位所对应的产值报量收入数。这个收入数又分为产值核算和工程款收入两个部分。形成的总控网络，以确定的时间节点和部署好的施工内容为基础，计算出相应资金使用需求，资金需求与时点一一对应。

（六）劳动力计划

根据施工进度计划，可生成不同层次（项目、楼栋）的劳动力计划。装配式建筑项目现场施工涉及 10 个工种，见表 4-13。劳动力组织详细内容见本书第八章装配式建筑资源管理第一节劳动力组织管理。

表 4-13　装配式建筑项目现场施工工种统计

楼栋	序号	工种	人数
A、B 栋 （双栋劳动力计划）	1	预制构件安装工	8
	2	信号工	2
	3	司索工	2
	4	钢筋工	16
	5	木工	16
	6	混凝土工（三栋合用一个班组）	14
	7	杂工	8
C 栋 （单栋劳动力计划）	1	预制构件安装工	8
	2	信号工	2
	3	司索工	2
	4	钢筋工	8
	5	木工	8
	6	混凝土工（三栋合用一个班组）	14
	7	杂工	4

第三节　装配式建筑项目施工进度计划实施和调整

在装配式建筑项目实施过程中，必须对进展过程实施动态监测。要随时监控项目的进展，收集实际进度数据，并与进度计划进行对比分析。出现偏差，要找出原因及对工期的影响程度，并相应采取有效的措施做必要调整，使项目按预定的进度目标进行。项目进度控制的目标就是确保项目按既定工期目标实现，或在实现项目目标的前提下适当缩短工期。

一、进度计划的实施

（一）细化施工作业计划

施工项目的施工总进度计划、单位工程施工进度计划、分部分项工程施工进度计划，都是为了实现项目总目标而编制的，其中高层次计划是低层次计划编制的依据，低层次计划是高层次计划的深入和具体化。在贯彻执行时，通过多级进度计划管理体系，将施工进度总计划分解至月（旬）、周、日。

专项施工员应编制日、周、月（旬）施工作业计划，将预制构件安装及辅助工序细化。

后浇混凝土中支模、绑扎钢筋、浇筑混凝土及预留预埋管、盒、洞等施工工序也应细化和优化。在制定日、周、月（旬）计划中要明确计划时期内应完成的施工任务、完成计划所需的各种资源量、提高劳动生产率和节约的措施、保证质量和安全的措施。

（二）签订承包合同与签发施工任务书

按前面已检查过的各层次计划，以承包合同和施工任务书的形式，分别向分包单位、承包队和施工班组下达施工进度任务。其中，总承包单位与分包单位、施工企业与项目经理部、项目经理部与各承包队和职能部门、承包队与各作业班组间应分别签订承包合同，按计划目标明确规定合同工期、相互承担的经济责任、权限和利益。

专项施工员应签发施工任务书，将每项具体任务向作业班组或劳务队下达。施工任务书一般由工长根据计划要求、工程数量、定额标准、工艺标准、技术要求、质量标准、节约措施、安全措施等为依据进行编制。任务书下达给班组时，由工长进行交底。交底内容为：交任务、交操作规程、交施工方法、交质量要求、交安全要求、交定额、交节约措施、交材料使用、交施工计划、交奖惩要求等，做到任务明确，报酬预知，责任到人。施工班组接到任务书后，应做好分工，安排完成，执行中要保质量、保进度、保安全、保节约、保工效提高任务完成后，班组自检，在确认已经完成后，向工长报请验收。工长验收时查数据、查质量、查安全、查用工、查节约，然后回收任务书，交施工队登记结算。

（三）施工过程记录

在施工中，如实记载每项工作的开始日期、工作进程和完成日期，记录每月完成数量、施工现场发生的情况和干扰因素的排除情况，可为施工项目进度计划实施的检查、分析、调整、总结提供真实、准确的原始资料。特别是单位工程第一次安装预制构件时，因为机械和操作人员熟练程度较差，配合不够默契，往往可能比预定使用的时间大幅延长，所以要提前对操作人员进行培训，使之熟练，逐步缩短预制构件安装占用的时间。

（四）施工协调调度

专项施工员应做好施工协调调度工作，随时掌握计划实施情况，协调预制构件安装施工同主体结构现浇或后浇施工、内外装饰施工、门窗安装施工和水电空调采暖施工等各专业施工的关系，排除各种困难，加强薄弱环节管理。施工协调调度工作内容主要有：

（1）执行合同中对进度、开工及延期开工、暂停施工、工期延误、工程竣工的管理办法及措施，包括相关承诺。

（2）将控制进度具体措施落实具体执行人，并明确目标、任务、检查方法和考核办法。

（3）监督作业计划的实施、调整协调各方面的进度关系。

（4）监督检查施工准备工作，如督促资源供应单位按计划供应劳动力、施工机具、运输车辆、材料构配件等，并对临时出现问题采取调配措施。

（5）跟踪调控工程变更引起的资源需求变化，及时调整资源供应计划。

（6）按施工平面图管理施工现场，结合实际情况进行必要调整，保证文明施工。

（7）第一时间了解气候、水电供应情况，采取相应的防范和保证措施。

（8）及时发现和处理施工中各种事故和意外事件。

（9）定期召开现场调度会议，贯彻施工项目主管人员的决策，发布调度令。

（10）及时与发包人协调，保证发包人的配合工作和资源供应在计划可控范围内进行，当不能满足时，应立即协商解决，如有损失，还应及时索赔。

（五）预测干扰因素，采取预控措施

在项目实施前和实施过程中，应经常根据所掌握的各种数据资料，对可能致使项目实施结果偏离进度计划的各种干扰因素进行预测，并分析这些干扰因素所带来的风险程度的大小，预先采取一些有效的控制措施，将可能出现的偏离尽可能消灭于萌芽状态。

二、施工进度计划调整

在计划执行过程中，由于组织、管理、经济、技术、资源、环境和自然条件等因素的影响，往往会造成实际进度与计划进度产生偏差，如果偏差不能及时纠正，必将影响进度目标的实现。因此，在计划执行过程中采取相应措施来进行管理，对保证计划目标的顺利实现具有重要意义。

进度计划执行中的管理工作主要有以下几个方面：分析进度计划检查结果；分析进度偏差的影响因素并确定调整的对象和目标；选择适当的调整方法，编制调整方案；对调整方案进行评价和决策、调整，确定调整后付诸实施的新施工进度计划。

（一）进度计划检查

进度检查主要是收集施工项目计划实施的信息和有关数据，为进度计划控制提供必要的信息资料和依据。进度计划的检查主要从如下几个方面着手：

1. 跟踪检查施工实际进度

跟踪检查施工实际进度是项目施工进度控制的关键措施，其目的是收集实际施工进度的有关数据。跟踪检查的时间和收集数据的质量，直接影响进度控制工作的质量和效果。一般检查的时间间隔与施工项目的类型、规模、施工条件和对进度执行要求程度有关。为了保证检查资料的准确性，控制进度的工作人员，要经常到现场查看施工项目的实际进度情况，从而保证经常地、定期地、准确地掌握施工项目的实际进度。

2. 整理统计检查数据

将收集到的施工项目实际进度数据进行必要的整理、统计，保证实际数据所形成的形象进度与计划进度具有可比性。一般可以按实物工程量、工作量和劳动消耗量以及累计百分比整理和统计实际检查的数据，以便与相应的计划完成量相对比。

3. 对比实际进度与计划进度

将收集的资料整理和统计成具有与计划进度可比性的数据后，用施工项目实际进度与计划进度的比较方法进行比较。通常用的比较方法有：横道图比较法、S形曲线比较法、香蕉型曲线比较法、前锋线比较法和列表比较法等。通过比较得出实际进度与计划进度相一致、超前、滞后三种情况。

（二）计划偏差原因分析

分析预制构件安装施工过程中某一分项时间偏差对后续工作的影响，分析网络计划实际进度与计划进度存在的差异，如剪力墙上层钢套筒或金属波纹管套入下层预留的钢筋困难，两块相邻预制剪力墙板水平钢筋密集影响板的就位等。因此，采取改变工程某些工序的逻辑关系或缩短某些工序的持续时间的方法，使实际工程进度同计划进度相吻合。

（三）进度计划调整的内容

装配式建筑项目进度调整内容与传统现浇项目进度调整内容类似，包括工程量、起止时间、持续时间、工作逻辑关系、资源供应等。

（四）进度计划调整的方法

1. 调整关键线路的方法

（1）当关键线路的实际进度比计划进度拖后时，应在尚未完成的关键工作中，选择资源强度小或费用低的工作缩短其持续时间，并重新计算未完成部分的时间参数，将其作为一个新计划实施。

（2）当关键线路的实际进度比计划进度提前时，若不拟提前工期，应选用资源占用量大或者直接费用高的后续关键工作，适当延长其持续时间，以降低其资源强度或费用；当确定要提前完成计划时，应将计划尚未完成的部分作为一个新计划，重新确定关键工作的持续时间，按新计划实施。

2. 非关键工作时差的调整方法

非关键工作时差的调整应在其时差的范围内进行，以便更充分地利用资源、降低成本、满足施工的需要。每一次调整后都必须重新计算时间参数，观察该调整对计划全局的影响。可采用以下几种调整方法：

（1）将工作在其最早开始时间与最迟完成时间范围内移动；

（2）延长工作的持续时间；

（3）缩短工作的持续时间。

3. 增、减工作项目时的调整方法

增、减工作项目时应符合下列规定：

（1）不打乱原网络计划总的逻辑关系，只对局部逻辑关系进行调整；

（2）在增减工作后应重新计算时间参数，分析对原网络计划的影响；当对工期有影响时，应采取调整措施，以保证计划工期不变。

4. 调整逻辑关系

逻辑关系的调整只有当实际情况要求改变施工方法或组织方法时才可进行。调整时应避免影响原定计划工期和其他工作的顺利进行。

5. 调整工作的持续时间

当发现某些工作的原持续时间估计有误或实现条件不充分时，应重新估算其持续时间，并重新计算时间参数，尽量使原计划工期不受影响。

6. 调整资源的投入

当资源供应发生异常时，应采用资源优化方法对计划进行调整，或采取应急措施，使其对工期的影响最小。网络计划的调整，可以定期进行，亦可根据计划检查的结果在必要时进行。

（五）进度计划调整的具体措施

（1）增加预制构件安装施工工作面，增加工程施工时间，增加劳动力数量，增加工程施工机械和专用工具等。

（2）改进工程施工工艺和施工方法，缩短工程施工工艺技术间歇时间，在熟练掌握预制构件吊装安装工序后改进预制构件安装工艺，改进钢套筒或金属波纹管套筒灌浆工艺等。

（3）对工程施工人员采用"小包干"和奖惩手段，对于加快的进度所造成的经济损失给予补偿。

（4）加强作业班组或劳务队思想工作，改善施工人员生活条件、劳动条件等，提高操作工人工作的积极性。

思考题

1. 简述项目施工的组织形式。
2. 进度控制的措施有哪些？
3. 施工进度计划的分类有哪些？
4. 进度计划的编制方法有哪些？
5. 简述装配式建筑项目进度计划编制的过程。

第五章 装配式建筑项目成本控制

装配式建筑是先进的生产方式，具有很多优点，但是从我国目前推广的情况来看，经济效果并不乐观，其中有行业本身的原因，也有企业自身的原因。如果装配式建筑能够实现规模生产，经济效益还是不可估量的，既节约了成本又降低了对环境的影响，全面提高了经济效益。目前，装配式建筑造价明显高于传统现浇建筑，一方面由于行业刚刚开始发展，还在摸索当中；另一方面由于行业法规不健全，不能实现规模经济，如果各地政府部门能够介入，实现规模经济化，还是可以实现装配式建筑大规模发展的。

第一节 装配式建筑项目造价概述

一、装配式建筑工程造价构成

（一）传统现浇建筑土建工程造价构成

传统现浇建筑土建工程造价构成主要由直接工程费（人、材、机、措）、间接费（管理费、利润）、规费和税金组成，其中直接工程费为施工企业主要成本支出，是构成建筑造价的主要部分，也是工程取费的计费基础，直接工程费对建筑工程造价形成最为直接的影响，而管理费和利润则由企业根据自身情况调整取计，规费和税金是非竞争性取费，费率标准由当地主管部门确定，可排除其对造价的影响。

（二）装配式建筑土建工程造价构成

（1）装配整体式结构的土建造价构成主要由直接费（含预制构件生产费、运输费、安装费、措施费）、间接费、利润、规费、税金组成，与传统方式一样，间接费和利润由施工企业掌握，规费和税金是固定费率，预制构件生产构件费用、运输费、安装费的高低对工程造价的变化起决定性作用。

（2）其中预制构件生产费包含材料费、生产费（人工和水电消耗）、模具费、工厂摊销费、预制构件企业利润、税金，运输费主要是预制构件从工厂运输至工地的运费和施工场地内的二次搬运费，安装费主要是构件垂直运输费、安装人工费、专用工具摊销等费用（含部分现场现浇施工的材料、人工、机械费用），措施费主要是防护脚手架、模板及支撑费用，如果预制率很高，可以大量节省措施费。

（三）装配式建筑预制构件成本影响因素

预制构件成本组成主要由三部分构成：①预制构件深化设计费；②预制构件费，包括主材、辅材、人工费、模具、蒸养、包装运输、生产管理、税金等费用；③预制构件现场施工费，包括机械施工吊装、构件堆卸、预埋件、支撑构件、外墙涂料或清洗等费用。

占预制构件费前三位的分别是预制构件人工制作费、主材费、税金。如何控制这三方面的成本是降低预制构件费的关键。

二、装配式施工的生产方式改变对工程造价的影响

相对于传统现浇建筑项目，装配式建筑项目由于生产方式转变，在设计、构件生产、构件安装等三个方面对造价产生明显的影响，见表5-1。

表5-1　生产方式改变对造价的影响分析

对比项目	对比内容	传统现浇建筑	装配式建筑	造价差异和对策
设计方式	设计图纸内容对工程影响	设计技术成熟、简单，图纸量少，各专业图纸分别表达本专业的设计内容，结构专业用平法设计表示结构特征信息，采用常规绘图表现方法。容易出现"错漏碰缺"等情况。设计费便宜（30~50元/m²）	设计技术尚不成熟，图纸量大，除了各专业图纸分别表达本专业的设计内容外，还需要设计出每个预制构件的拆分图，拆分图上要综合多个专业内容，例如在一个构件图上需要反映构件的模板、配筋以及埋件、门窗、保温构造、装饰面层、留洞、水电暖通管线和部件、吊具等内容，包括每个构件的三视图和剖切图，必要时还要做出构件的三维立体图、整浇连接构造节点大样等图纸。图纸内容完善、表达充分，构件生产不需要多专业配合，只要按图检点即可避免"错漏碰缺"的发生。设计费较贵（100~500元/m²）	设计费的差异主要是构件拆分图工作量增加了设计成本，如果项目规模大，标准预制构件重复率高，模块种类就相对较少，设计费上升的比例就少；反之，项目规模越小、预制构件重复率越低，设计费上升的比例就越大。因此，应尽量优化深化设计，提高构件的重复率是控制设计费增加的有效手段
	设计图纸内容对工程装饰的影响	材料消耗和损耗较高，跑冒滴漏严重，构件表面抹灰层往往高于设计标准，增加了建筑自重，抹灰层还占用一定室内使用面积	由于构件尺寸精准，可取消抹灰层，节约材料，建筑自重减轻5%~10%，室内使用面积增加；可进一步优化主体和基础结构，节省造价；没有跑冒滴漏，降低了材料消耗和损耗的改变对造价的影响是明显的	装配式建筑应优化设计，提高构件精度，使安装简便，可减少装饰修补的费用，节约成本

对比项目	对比内容	传统现浇建筑	装配式建筑	造价差异和对策
预制构件生产方式的改变	预制构件生产场地改变的影响	现浇构件价格主要取决于原材料、周转材料和施工措施，楼面和剪力墙的措施费最高，工艺条件差，影响质量经常造成返工，季节和天气变化造成施工效率下降也是成本上升的原因	预制构件生产主要依赖专业机械设备和模具，占用一定场地和采用运输车辆运输到施工现场提高成本，工人可以在一个工位同时完成多个专业和多个工序的施工，生产质量、进度、成本受季节和天气变化影响较小	提高建筑的预制率可以发挥装配式建筑的优势，预制率过低将导致两种工艺并存，大量现浇工艺不能节省人力，同时又增加了施工机具的投入成本，装配式建筑安装施工只有提高生产和施工的效率才能降低成本
	预制构件质量影响	质量难以控制，普遍存在大量的质量通病	质量易于控制，基本消除各种质量通病，复杂构件的生产难度、运输风险较大	合理拆解构件降低生产难度，减少返工浪费可节约成本
	管理费用	分包较多，专业交叉施工，管理难度大，工期长导致管理成本高	多个分部分项工程在工厂里集成生，分包较少，管理成本低	能在厂里集成生产的尽量集成，减少分包，可节约管理成本
	材料采购和运输	原材料分散采购和运输，采购单价较高	原材料集中采购和运输有价格优势，增加了二次运输	由于存在二次运输，应选择项目就近的预制厂生产
	增加固定资产影响	现浇方式所需周转材料一般为租赁，基本不需要太大的投入	预制生产企业的场地厂房、设备、模具投资较大，模具价格高昂，一般生产企业按照产能需要先行投资 500～1 000 元/m^3，全部要摊销在预制构件价格之中	应优化工艺流程，采用流水线生产提高生产效率降低摊销，采用专业模台或固定模台，延长使用寿命
施工方式	施工进度影响	现浇施工主体结构可做到 3～5 天一层，各专业不能和主体同时交叉施工，实际工期为 7 天左右一层，各层构件从下往上顺序串联式施工，主体封顶完成总工作量的 50%左右	构件提前发包，可做到各层的构件同时并联式生产，在同一构件生产过程可集成多专业的技术同时完成，现场装配式安装施工上可做到 1 天一层，实际 5～8 天一层，主体封顶即完成总工作量的 80%	如果预制率过低，工期仍由现浇部分决定（例如内浇外预制体系），拉长工期会造成重型吊装设备闲置浪费而增加成本
	施工措施影响	满堂支撑脚手架模板系统，外防护架封闭到顶，不断重复搭拆，人工费用高	取消支撑脚手架模板系统，外工具式防护架只需要两层周转使用，搭设费用低	楼面、楼梯采用预制构件可节省内脚手架和模板，外墙保温装饰在工厂一体完，可节省外脚手架使用

从设计、预制构件生产、施工安装等方面情况可以看出，建筑原材料成本可节约的空间有限。由于生产方式不同，直接费的构成内容有很大的差异，两种方式的直接费高低直接决定了造价成本的高低。在设计不变的前提下，如果要使装配式建筑的建造成本低于传统现浇结构，就必须降低预制构件的生产、运输和安装成本，使其低于传统现浇方式的直接费，这就必须研究装配式建筑的结构形式、生产工艺、运输方式和安装方法，从优化工艺、集成技术、节材降耗、提高效率着手，综合降低装配式建筑的建设成本。

三、装配式建筑与传统施工建筑在造价管理上的异同

传统现浇建筑主要根据设计图的工程量，然后套用相关的预算单价，并按照政府的规定确定出取费标准，计算出整个建筑的造价。造价主要包括人工费、材料费（包含工程设备）、施工机具使用费、企业管理费、利润、规费和税金等，其中工程费（包括人工费、材料费、施工机具使用费）是工程造价中最主要的部分，在建筑统一的标准下，传统现浇建筑施工方法的成本主要取决于人工和物料的平均水平，这对于其成本的控制和调整非常有限，所以对施工企业来说，控制成本的主要措施就是降低工程造价，调整企业管理中的费用等，因为成本、质量和工期之间相互影响，如果只为了降低成本，则肯定会影响到工程的质量和工期。

装配式建筑由现场生产柱、墙、梁、楼板、楼梯、屋盖、阳台等转变成交易购买（或者自行工厂生产）成品混凝土构件，集成为单一构件产品的商品价格，原有的套取相应的定额子目来计算柱、墙、梁、楼板、楼梯、屋盖、阳台等造价的做法不再适用。现场建造变为构件工厂生产，原有的工、料、机消耗量对造价的影响程度降低，市场询价与竞价显得尤为重要。现场手工作业变为机械装配施工，随着建筑装配率的提高，装配式建筑愈发体现安装工程计价的特点，由生产计价方式向安装计价方式转变。工程造价管理由"消耗量定额与价格信息并重"向"价格信息为主、消耗量定额为辅"转变，造价管理的信息化水平需提高、市场化程度需增强。

2017年3月1日住建部实施的《装配式建筑工程消耗量定额》给出了装配式建筑工程中部品安装工作的人工、材料、机械的消耗量，计价过程中要与人材机要素的市场价格结合，形成部品的安装价格。使用定额计价的优点是依据明确，并且具备一定的权威性。但定额只是给出了部品的安装要素消耗量，并且装配式部品方案多样且不断出现新材料新工艺，给定额的使用带来了一定的局限性，需要建设单位多调研部品和部品供应商取得一手价格信息，然后再进行控制价编制或认价工作。

四、装配式建筑造价较高原因分析

装配式建筑将在工地上建筑施工的建造方式转变为在现代化工厂制造生产部件并在工地上装配的制造方式。装配式建筑由施工现场生产建筑物主体结构（包括柱、墙、梁、楼板等）变化为购买成品混凝土预制构件或由自有工厂生产。这种建造方式的转变，导致装配式建筑与传统现浇建筑在造价上存在很大差异。从现阶段市场反应来看，装配式建筑的建设成本普遍高于传统现浇建筑的建设成本。主要原因为：

（1）技术研发、引进国外技术或聘请专家等方面的投入。

（2）人员培训方面的投入。生产工人工艺熟悉度较低，影响产能进度。

（3）构造差异，规范要求更高。比如装配式建筑混凝土结构采用叠合板，总厚度比传统楼盖厚；装配式建筑混凝土结构需要缝灌浆，而传统剪力墙结构建筑不需要；装配预埋件的使用，费用增加。

（4）制造、运输、吊装过程中的费用。运输费用，构件厂运输覆盖半径一般不能大于150 km；预制构件厂费用，预制构件生产所需要的机械设备投入，都比较大；吊装费用，机械吊装设备要求高，使用时间长；搬运损耗、运输损耗。

（5）由于目前普及率低，设计、生产、运输到施工等各个环节的衔接不是很顺畅，增加了不少成本。

（6）装配式建筑的产业链没有形成，缺乏配套体系，有些配套产品或从国外进口或在异地采购或因为稀缺而价格较高等增加的成本。

（7）非技术环节的因素导致成本提高，设计、制造和安装环节各自分别对应建设单位，都注重自身环节成本增加部分，对成本降低部分忽略了。

此外，建设单位由于缩短工期节省的财务费用和提前销售的获利，没有纳入成本分析中。按照目前的税收政策，由于构件生产企业的增值税抵扣后仍比商品混凝土企业高出 1%～2% 的税率，装配式建造较之传统建造方式增加了税赋。如果这个问题得以解决，装配式建筑与现浇建筑的成本差就会更小了。但我国的建筑市场规模很大，装配式一旦推广开来，成本会很快降下来。随着劳动力的上升，成本也会相对低下来。更重要的是，装配式建筑会带来质量提升和节能减排等长久的经济效益和社会效益。

五、装配式建筑的建设工期对成本的影响

（一）装配式建筑对于建设工期的影响

（1）提高了工程质量，减少相应的不必要的修缮和整改，从而缩短竣工验收时间，若能打破目前对工程建设分段验收的桎梏，就能大大地缩短工程建设的周期，相应地也减少了管理成本。

（2）减少市场价格波动与政策调整引发的隐性成本增加。工程建设的周期越长，市场价格的波动与政策的调整的不可预见性就越大，风险也就越大。

（3）降低交付的违约风险。

（4）缩短工期将有效缓解财务成本的压力。现阶段建设单位的建安成本控制已经做到相对健全，如何降低财务成本与管理费用将成为降本措施的关键突破口。

（二）建设工期对成本影响

现浇施工主体结构可做到3～5天一层，由于各专业不能和主体同时交叉施工，故实际工期为7天左右一层，各层构件从下往上顺序串联式施工，主体封顶完成总工作量的50%左右；现场装配安装施工可做到1天一层结构，同样5～7天完成一层，主体封顶即完成总工作量的80%。另外，因外墙装饰一体化，或采用吊篮做外墙涂料，后续进度不受影响，总工期可进一步缩短。

构件的安装以重型吊车和人工费用为主，因此安装的速度决定了安装的成本。比如预制剪力墙构件安装时，套筒浆锚连接和螺箍小孔浆锚连接方式的单片墙体安装较慢，所需时间一般是预制双叠合墙、预制圆孔板剪力墙的 3~5 倍，因此安装费用也要高出好几倍。另外在装配施工时，可以通过分段流水的方法实现多工序同时工作、争取立体交叉施工，在结构拼装时同步进行下部各层的装修和安装工作。因此，提高施工安装的效率，可节省安装成本。

（三）工程建设规模及产品标准化对成本影响

（1）标准化可以带来规模效应，随着批量的加大，采购价格会不断降低。

（2）标准化提高了零部件的通用性，这样就使得零部件品种数减少了，在采购总量不变的情况下，每种零部件的数量就会相对增加，即扩大了采购规模。

（3）标准化可以降低生产成本。由于零部件标准化和系列内的通用化，提高了制造过程的生产批量，可以进一步降低成本（产品的单位固定成本）。对供应商来说，标准化的零部件可提高生产批量，减少转产次数，降低模具费用，也实现了成本的降低。

第二节　装配式建筑项目成本管理

一、成本管理概述

成本管理是一个组织用来计划、监督和控制成本以支持管理决策和管理行为的基本流程。装配式建筑项目的成本管理既包括构件生产企业的成本管理，又包括建筑施工企业的成本管理。本节主要从施工管理的角度来分析装配式建筑项目成本管理。装配式建筑项目施工企业应建立项目全面成本管理制度，明确职责分工和业务关系，把管理目标分解到各项技术和管理过程。企业管理层，应负责项目成本管理的决策，确定项目的成本控制重点、难点，确定项目成本目标，并对项目管理机构进行过程和结果的考核；项目管理机构，应负责项目成本管理，遵守组织管理层的决策，实现项目管理的成本目标。

装配式建筑项目成本管理的环节与传统现浇项目的成本管理环节相同，通常包括成本预算、成本计划、成本控制、成本核算、成本分析和项目成本考核等六个环节。区别在于施工过程的不同，耗费的人工、材料组成不同，因此控制的侧重点也不同。

二、装配式建筑项目施工责任成本的管理

施工责任成本是由施工企业组织内部有关职能部门，根据中标标书、工程项目的施工组织设计、预算定额、企业施工定额、项目成本核算制度、资源市场各种价格预测等信息，根据工程不同的类别、特点及预制装配式率的高低，确定某项目工程成本的上限。由于工程已经确定，施工图纸已经设计完毕，施工责任成本预测方法一般采用因素分析法。

（一）人工费的确定

（1）人工费单价由项目部同劳务分包方或作业班组签订的合同确定；一般按技术工种、

技术等级和普通工种分别确定人工费单价,预制构件安装和套筒或金属波纹管灌浆工当前较稀缺,单价应高于其他工种;按承包的实物工程量和预算定额计算定额人工,作为计算人工费费用的基础。如采用定额人工数量×市场单价、平方米人工费单价包干、每层预制构件安装人工费单价包干、预算人工费×(1+取费系数)。

(2)定额人工以外的零工,可以按定额人工的一定比例一次性确定,或按照一定的系数包干,也可以按实际情况计算。

(3)奖励费用

为了加快施工进度和提高工程质量,对于劳务分包方或作业班组,由项目经理或专业工长根据合同工期、质量要求和预算定额确定一定数额奖励费用。

(二)材料费的确定

材料费包括主要材料费、周转工具费和零星小型材料费。由于主要材料一般是由市场采购,其中的预制构件是委托专业单位加工制备。

预制构件材料费根据施工总包单位同生产厂家的合同确定,也可以将预制构件生产、安装均分包给一家专业公司。预制构件安装辅助材料应根据相似工程经验确定,安装辅助材料可以包含在安装专项分包合同内。

1. 施工现场主要材料费确定

$$材料费=\Sigma(预算用量×单价)$$

$$预算用量=实际工程量×企业施工定额材料消耗量$$

当企业没有施工定额时:

$$施工定额材料消耗量=预算定额材料消耗量×(1-材料节约率)$$

材料费的高低,同消耗数量有关,又与采购价格有关。即在"量价分离"的条件下,既要控制材料的消耗数量,又要控制材料的采购价格,两者不可缺一。一是采用当地的市场指导价;二是当地工程建设造价管理部门发布的《材料价格信息》中的中准价;三是预算定额中的计划价格。预制构件由于类似工程偏少,只能参考各地的工程补充定额。

2. 零星小型材料费

零星小型材料费主要指辅助施工的低值易耗品以及定额内未列入的其他小型材料,其费用可以按定额含量乘以适当降低系数包干使用,也可以按照施工经验测算包干。

3. 周转工具费

周转工具一般是从市场租赁,情况各不相同,分别采用不同的方法确定。降低周转工具费是降低施工成本的重要方面,周转工具费有两种方法确定,一般按照预算定额乘以适当地降低系数确定,也可以根据施工方案中的具体数量确定计划用量,再根据计划用量乘以租赁单价确定。装配式建筑由于大量使用预制构件,模板、钢架管扣件等周转工具使用量大大减少,传统的满堂脚手架或悬挑钢管脚手架不需搭设,采用独立钢支撑和钢斜撑及专业轻便工具式钢防护架即可,但是预制构件运输和堆放需要从市场租赁专用插放架或靠放架也会产生租赁费用,故周转工具费用综合平衡后会有一定幅度的降低。

（三）机械费的确定

机械费由定额机械费和大型机械费组成，由于装配式建筑使用塔式起重机、履带式起重机或汽车起重机，其吨位较大，使用频次较多，定额机械费根据施工实际工程量和预算定额中的机械费计取可能不够，机械费也会随着预制构件数量和单件重量增加而增加，因此应根据实际使用大型机械适当按一定比例摊销。由于施工现场减少了现浇混凝土构件的钢筋制作、模板加工及混凝土泵送，故钢筋、模板加工的机械消耗及泵送机械的使用量大幅度降低。

（四）其他直接费

其他直接费，例如季节施工费、材料二次搬运费、生产工具用具使用费、检验试验费和特殊工种培训费等由项目部统一核定。随着装配式建筑项目的不断增多和经验的不断积累，上述几项费用将会逐步下降。

三、装配式建筑项目专项分包目标成本管理

专项分包目标成本是由项目部有关人员根据工程实际情况和具体方案，在专项工程责任成本基础上，采用先进的管理手段和技术进步措施，进一步降低成本后确定的项目部内部指标，是进行项目部对于专项施工成本控制的依据，可以作为岗位责任成本和签订项目内部岗位责任合同的经济责任指标。专项分包目标成本分为专项分包目标成本和专项分包项目成本计划两部分。

（一）专项工程分包形式

1. 劳务分包

专项劳务分包形式就是有施工总承包方负责提供机具、材料等物质要素，并负责工期、质量、安全等全面管理，专项分包方只提供专项劳务服务的分包形式。

2. 专项分包

专项分包一般为包工包料，即专项分包方负责提供所需材料、机具和人工并对专项分包施工全过程负责。施工总承包方负责总包管理，并对专项分包的各项指标负责。装配式建筑安装预制构件工序或钢套筒灌浆工序适用于专项分包。

（二）专项分包目标成本编制依据

专项分包目标成本是根据施工图计算的工程量及专项施工方案、专项分包合同或劳务分包合同，项目部岗位成本责任控制指标确定。

$$专项分包目标成本=专业分包工程量×市场价×[1-（1\%～5\%）]$$

（三）专项分包目标成本确定

1. 人工费目标成本

由于装配式建筑施工安装熟练程度较低，专业分包人工费实际支出大大超过预算定额的现象非常普遍，在项目施工成本管理中，应通过加强安装施工技能培训和演练，预算管理、

经济签证管理和分包管理，确保工程量不漏算，分包人工费不超付，对于预制构件安装或部品安装应实事求是的确定基数，实行小包干管理。人工费降低率由项目经理组织有关人员共同协商确定。

人工费目标成本=项目施工责任成本人工费×（1-降低率）

2. 主要材料费目标成本

材料种类多数量大、价值高，是成本控制的重点和难点，一般采用加权平均法或者综合系数评估法。

（1）加权平均法。由工程造价人员根据工程设计图纸列出材料清单，由项目经理、材料员和专业施工员从材料价格和数量两方面综合考虑，逐一审核确定材料费降低率。

（2）综合系数评估法。根据以前相似工程的材料用量和材料降低率水平，采取分别预估，取其平均值的方法，根据经验系数确定材料成本降低率。

3. 周转工具费目标成本

周转工具费的目标成本可根据专项施工方案和专项工程施工工期，合理计算租赁数量和租赁期限，确定费用支出和租赁费的摊销比例。当装配式建筑预制率较高时，模板及相应支撑脚手架数量应用较少，独立钢支撑、钢斜撑材料和人工使用较多，外防护脚手架或悬挑脚手架将由专业轻便工具式钢防护架代替，因此周转工具费降幅明显。

4. 机械费目标成本

由于预制构件普通较重，必须使用较大吨位的塔式起重机，也可以用移动式起重机械，如履带起重机或汽车起重机，故起重吊装及运输费用将会明显增多，通过预测使用的小型机械或小型电动工具的使用期限、租赁费用和购置费用，并考虑一定的修理费用进行汇总，再同预算收入比较，得出定额机械费的成本降低率。

5. 安全设施和文明施工费目标成本

装配式建筑由于临边施工范围较少，一层到二层轻质工具式钢外防护架可以从最下层预制构件周转使用到最上层，可大大节省安全设施费用，施工现场文明施工要求标准也较为完善，安全设施和文明施工费应根据各地建设主管部门有关规定和工程实际情况，确定一定的安全设施和文明施工费目标成本数额。

（四）专项分包项目成本计划

专项分包项目成本计划是根据项目的目标成本制定的成本收入与成本支出计划，将成本收入与成本支出计划落实到专业施工员、作业班组、劳务队具体操作人员，分工明确，责任到人。

1. 专项分包项目成本计划编制原则

（1）实际发生原则：对于专业分包项目而言，在编制项目月度成本计划时要考虑专业分包工程在本月是否发生，如果发生，应按进度计划的要求，确定专业分包工程的工程量。

（2）收支口径一致的原则：适用于机械（工具）分包或材料分包。

2. 专项分包项目施工成本收入的确定

专业分包工程成本收入、机械（工具）分包成本收入、专项材料分包成本收入：

专业分包成本收入/机械（工具）分包成本收入/专项材料分包成本收入

$$= \frac{当月计划完成分包工程量}{分包工程量} \times 分包造价$$

3. 专项分包项目施工成本支出的确定

（1）专业分包工程成本支出：

$$专项分包成本支出 = 实际完成工程量 \times 分包单价$$

$$专项分包成本支出 = \frac{当月计划完成分包工程量}{分包工程量} \times 分包总价$$

（2）机械（工具）分包成本支出：

$$机械（工具）分包成本支出 = \frac{当月计划完成分包工程量}{分包工程量} \times 分包总价$$

（3）专项材料分包成本支出：

$$专项材料分包成本支出 = \frac{当月计划完成分包工程量}{分包工程量} \times 分包总价$$

四、装配式建筑项目专项工程成本控制方法

（一）"两算"对比方法

工程量清单计价或定额计价是施工企业对外投标和同业主结算、付款的依据。以目标成本控制支出可根据项目经理部制定的目标成本控制成本支出，实行"以收定支"或"量入为出"的方法。将采用工程量清单计价或定额计价产生的设计预算同施工预算比较，对比分析工程量清单计价或定额计价在材料的消耗量、人工的使用量和机械费用的摊销等方面的差异，找出降低成本的具体方法。

（二）人工费控制

项目部应根据工程特点和施工范围，通过招标方式或内部商议确定劳务队和操作班组，对于具体分项应该按定额工日单价或平方米包干方式一次确定，控制人工费额外支出。

（三）材料费控制

材料费控制是专项成本控制的重点和难点，要制定内部材料消耗定额，从消耗量和进场价格两个方面控制材料费，实施限额领料是控制材料成本的关键。由于预制构件是生产厂家定制加工或者自行生产的，没有多余构件备存，因此，每个构件质量和尺寸非常关键，预制构件一旦损坏或者报废，将会造成工程进度和经济损失，工程成本将会增加较多。

1. 材料消耗量控制

（1）编制材料需用量计划，特别是编制分阶段需用材料计划，给采购进场留有充裕的市场调查和组织供应时间。材料进场过晚，影响施工进度和效益；材料进场早，储备时间过长，

则要占用资金和场地，增大材料保管费用和材料损耗，造成材料成本增加。

（2）编制预制构件需用量计划，特别是编制分阶段预制构件需用材料计划，给预制构件进场留有充裕的市场调查和组织供应时间。预制构件进场过晚，影响施工进度和效益，预制构件进场早，储备时间过长，则要占用资金和场地，增加现场二次倒运费用，材料保管费用和材料损耗增大，造成材料成本增加。

（3）材料领用控制。实行限额领料制度，由专项施工员对作业班组或劳务队签发领料单进行控制，材料员对专项施工员签发的领料单进行复检控制。

（4）工序施工质量。控制每道工序施工质量好坏将会影响下道工序的施工质量和成本，例如预制构件之间的后浇结构混凝土墙体平整度、垂直度较差，将会使室内抹面砂浆或水泥抗裂砂浆厚度增加，材料用量和人工耗费均会增加，成本会相应增加，因此，应强化工序施工质量控制。

（5）材料计量控制。计量器具按时检验、校正，计量过程必须受控，计量方法必须全面准确。

2. 材料进场价格控制

由于市场价格处于变动之中，因此，应广泛及时多渠道收集材料价格信息，多家比较材料的质量和价格，采用质优价廉的材料，使材料进场价格尽量控制在工程投标的材料报价之内。对于新材料、新技术、新工艺的出现，如灌浆料、座浆料、钢套筒、金属波纹管、金属连接件等由于缺乏价格等信息，因此，应及时了解市场价格，熟悉新工艺，测算相应的材料、人工、机械台班消耗，自编估价表并报业主审批。

（四）周转工具使用费的控制

装配式建筑项目独立钢支撑和钢斜支撑使用较多，部分工程由于现浇混凝土量比较大，也会采用承插盘扣式脚手架或钢管扣件式脚手架。但是基本上均是总包单位外租赁为主。

周转工具使用费=租用费用×租用时间×租赁单价+自购周转材料领用部分的合计金额×摊销费

周转工具使用费具体控制措施如下：

（1）通过合理安排施工进度，采用网络计划进行优化，采用先进的施工方案和先进周转工具，控制周转工具使用费低于专项目标成本的要求。

（2）减少周转工具租赁数量，控制周转工具尽可能晚些进场时间、使用完毕后尽可能早退场，选择质优价廉的租赁单位，降低租赁费用。

（3）对作业班组和操作工人实行约束和奖励制度，减少周转工具的丢失和损坏数量。

（五）机械使用费控制

受预制构件重量和形状的限制，部分工程只有使用起重量或起重力矩较大的塔式起重机、履带起重机或汽车起重机，且市场上此类大型塔式起重机、履带起重机或汽车起重机较少，无论施工单位自行采购或外出租赁，将会比传统施工方法使用起重机械增加较多的费用。因此，应加强对机械使用费控制，明确机械使用费控制上限，大型机械应控制租赁数量，压缩机械在现场使用时间，提高机做机械利用率，选择质优价廉的租赁单位，降低租赁费用；对于小型机械和电动工具购置和修理费，采用由操作班组或劳务队包干使用的方法控制。

（六）其 他

加强定额管理，及时调整经济签证，特别是预制构件生产或安装应深入分析现有混凝土结构，通过众多竣工工程的决算经济资料，得出装配式建筑的造价资料，提出针对性的补充定额。对于施工过程中出现的设计变更，应及时办理经济签证。分项工程完工后及时同业主进行工程结算，使得工程成本可控合理，为进一步降低装配式建筑项目施工成本打下基础。

五、装配式建筑项目施工专项成本核算与分析

（一）专项成本核算的方法

项目施工成本核算是对施工过程中直接发生的各种费用进行项目施工成本核算，确定成本盈亏情况，是项目施工成本管理的重要步骤和内容之一，是施工项目进行施工成本分析和考核的基础，是对目标成本是否实现的检验。其中，专项分包项目的成本核算一般采用成本比例法或单项核算法。

1. 成本比例法

就是把专业分包工程内的实际成本，按照一定比例分解为人工费、材料费（含预制构件加工费）、机械费、其他直接费，然后分别计入相应项目的成本中。分配比例可按经验确定，也可根据专业分包工程预算造价中人工费、材料费、机械费、其他直接费占专业分包工程总价的比例确定。

采用成本比例法时，当月计入成本的专项分包造价为：

人工费（材料费、机械费、其他直接费）=当月实际完成的专项分包工程×分配比例

2. 成本单项核算法

成本单项核算法比较简单，适用于专项分包工程成本核算，只要能够掌握专项分包工程成本收入和成本支出，通过两者对比，可以对专项分包成本进行核算，计算出成本降低率，它是由成本收入和成本支出之间对比得到的实际数量。

$$专项分包项目的成本核算降低率=\frac{专项分包成本收入-实际支出}{专项分包成本收入}\times100\%$$

施工项目的成本分析根据统计核算、业务核算和会计核算提供的资料，对项目成本的形成过程和影响成本升降的因素进行分析，寻求进一步降低成本的途径，包括项目成本中有利偏差的调整。

（二）专项成本偏差分析

专项工程成本偏差的数量，就是对工程项目施工成本偏差进行分析，从预算成本、计划成本和实际成本的相互对此中找差距、成本间相互对比的结果，分别为计划偏差和实际偏差。

1. 专项成本计划偏差

专项成本计划偏差是预算成本与计划成本相比较的差额，它反映成本事前预控制所达到

的目标。

$$计划偏差=预算成本-计划成本$$

预算成本可分别指工程量清单计价成本、定额计价成本、投标书合同预算成本三个层次的预算成本。计划成本是指现场目标成本即施工预算。两者的计划偏差，也反映计划成本与社会平均成本的差异；计划成本与竞争性标价成本的差异；计划成本与企业预期目标成本的差异。如果计划偏差是正值，反映成本预控制的计划效益。

$$计划成本=预算成本-计划利润$$

在一般情况下，计划成本应该等于以最经济合理的施工方案和企业内部施工定额所确定的施工预算。

2. 专项成本实际偏差

专项成本实际偏差是计划成本与实际成本相比较的差额，它反映施工项目成本控制的实际，也是反映和考核项目成本控制水平的依据，特别是装配式建筑由于预制构件安装经验仍不够丰富，实际成本可能偏差较大，只有通过更多的装配式建筑项目施工的积累，预制构件安装及辅助工程的实际成本才能准确，装配式建筑项目计划成本同实际成本偏差更小。

$$实际偏差=计划成本-实际成本$$

分析成本实际偏差的目的，在于检查计划成本的执行情况。偏差为正意味着有盈利，偏差为负则反映计划成本控制中存在缺点和问题，应挖掘成本控制的潜力，缩小和纠正目标偏差，保证计划成本的实现。

（三）专项成本具体分析

1. 人工费分析

（1）根据人工费的特点，工程项目在进行人工费分析的时候，应着重分析执行预算定额或工程量清单计价方法是否合理，人工费单价有无抬高和对零工数量的控制，当前，装配式建筑的人工费仍然偏高，随着装配式建筑规模效应显现，人工费将会下降。

（2）人工、材料、机械等三项直接生产要素的费用内容的差异分析如下：

① 从人工的消耗数量看，根据装配式建筑特点，由于装配式建筑减少了大量的湿作业，现场钢筋制作、模板搭设和浇筑混凝土的工作量大多转移到了产业化预制构件加工企业内部。因此，施工现场钢筋工、木工、混凝土的数量大幅度减少。同时，由于预制构件表面平整，可以实现直接刮腻子、刷涂料，施工现场减少了抹灰工的使用量。

② 此外预制剪力墙、预制柱、预制梁、预制挂板、预制楼板、预制楼梯等构件存在构件之间连接及接缝处理的问题，因此，施工现场增加了钢套筒或金属波纹管灌浆处理、墙体之间缝隙封闭、叠合层后浇混凝土等的用工。同时增加了预制构件吊装和拼装就位用工。

③ 施工现场只需要搭设外墙工具式钢防护架，传统的外防护架和模板支撑架也不需搭设，大大减少了外墙钢管脚手架的搭设用工。

④ 从人工工资单价看，传统现浇模式下使用大批量的劳务用工人员、教育程度良莠不齐，文化程度普遍不高。预制装配式施工使用受过良好的教育和专业化的培训现代产业化工人，文化程度和专业化普遍较高。相对而言，装配式建筑项目的人工工资单价稍高。

2. 材料费分析

（1）取差额计算法。

在进行材料费分析的时候，要采取差额计算法。

分析数量差额对材料费影响的计算公式为

数量差额对材料费影响=（定额材料用量-实际材料用量）×材料市场指导价

分析材料价格差额对材料费影响的计算公式为

价格差额对材料费影响=（材料市场指导价-材料实际采购价）×定额材料消耗数量

（2）装配式建筑材料费分析。

从材料的消耗量看，由于装配式建筑和传统现浇建筑在施工内容和施工措施方案上的差异，施工现场减少了模板、商品混凝土、钢筋、脚手架、墙体砌块、抹灰砂浆等材料的使用量。同时，装配式建筑中的构件连接，增加了钢套筒灌浆材料及墙缝处理用的胶条等填充材料的使用量。另外，由于某些材料已经作为预制构件的一部分预制到构件中，如墙体模塑聚苯板、挤塑板保温、接线盒、电器配管配线等，施工现场的这些材料使用量也大大减少。

（3）装配式建筑材料费增加原因。

装配式建筑采用大量的预制构件，如果预制构件标准化、模数化形成，价格将会相对较低。目前，预制构件生产厂家相对较少，装配式住宅也只是处于示范阶段，预制构件生产厂家长期处于不饱和的生产状态，导致预制构件价格中分摊的一次性投入较高，再加上预制构件组合了施工现场的多个施工内容，导致预制构件的实际价格相对较高。预制构件设计、生产与安装方面用材的对比见表5-2。

表5-2 装配式建筑设计、生产、安装方面用材的对比

项　目		预制装配式	传统施工模式
单个构件设计		混凝土外墙包括外墙保温做法及连接件，电器方面的预埋管、配电箱箱体、接线盒、吊装埋设的吊钩等，出厂价中相应考虑全部费用，相应造价较高	建筑专业、结构专业同安装专业不一致，分别计算费用；核算混凝土单价时一般不含安装专业费用；相应造价较低。没有增加预埋
		设计中增加预埋件(调节件、固定件、吊钩)、防水胶、PE胶条、物联网芯片等，相应造价高	没有增加，相应造价较低
钢筋类型	楼板	预应力钢筋、冷拔低碳钢丝，相应造价较高	HPB300钢筋、HPB400螺纹钢筋，相应造价较低
	墙体	冷轧带肋钢筋、HRB400螺纹钢筋、钢套筒、金属波纹管，相应造价较高	HPB300钢筋、HPB400螺纹钢筋，相应造价较低
模板类型	所有构件	定型钢模板、混凝土加工场地、预制构件生产线。钢模板周转次数多，但一次性投入大，相应造价较高	竹、木胶合板模板；相应造价较低；铝合金模板造价较高

项 目		预制装配式	传统施工模式
混凝土强度等级	楼板	钢筋桁架板为 C30、C40，相应造价偏高	C25、C30，相应造价较低
	墙体	不低于 C30，相应造价较高	C25、C30，相应造价较低
混凝土养护	所有构件	采用蒸养工艺，相应造价较高	采用自然养护，相应造价较低
周转工具		独立钢支撑、钢斜撑用量小，摊销成本低	钢管扣件式脚手架、盘扣式脚手架用量大，摊销成本高
预制构件生产		均采用自动控制系统、自动加工系统，构件的场内、外运输、码放等，相应造价较高	相应造价较低

从预制装配式混凝土构件和传统现浇混凝土构件各方面的对比来看，预制装配式混凝土构件的直接成本要比传统现浇混凝土构件高，再加上预制混凝土构件分摊了大量的工厂土地费用、工厂建设费用、生产设备流水线的投入，其价格相对较高，直接造成了目前装配式建筑造价高于传统现浇建筑。

（4）材料消耗分析

材料消耗包括材料的操作损耗、管理损耗和盘盈盘亏，是构成材料费的主要因素。

（5）材料采购价格分析

材料采购价格是决定材料采购成本和材料费升降的重要因素。因此，在采购材料时，一定要选择价格低、质量好、运距近、信誉高的供应单位。当前，由于预制构件和部品种类繁多，生产企业较少，价格普遍偏高。材料采购收益分析计算公式为：

$$材料采购收益=（材料市场指导价-材料实际采购价）×材料采购数量$$

（6）材料采购保管费分析

材料采购保管费也是材料采购成本的组成部分，包括材料采购保管人员的工资福利、劳动保护费、办公费、差旅费，以及材料采购保管过程中，发生的固定资产使用费、工具用具使用费、检验试验费、材料整理及零星运费、材料的盈亏和毁损等。

在一般情况下，材料采购保管费的多少，与材料采购数量同步增减，即材料采购数量越多，材料采购保管费也越多。因此，材料采购保管费的核算，也要按材料采购数量进行分配，即先计算材料采购保管费支用率，然后按利用率进行分配。

$$材料采购保管费使用率=\frac{计算期实际发生的材料采购保管费}{计算期实际采购的材料总值}×100\%$$

从上述公式看，材料采购保管费用使用率，就是材料采购保管费占材料采购总值比例。如前所述，这两个数字应同步增减，但不可能同比例增减，有时采购批量越大，而所发生的采购保管费却增加不多。因此，定期分析材料保管费对材料采购成本的影响，将有助于节约材料采购保管费，降低材料的采购成本。其分析的方法，可采用"对比法"，即与上期比，与去年同期比，与历史最低水平比，与同行业先进水平比。对比目的在于寻找差距，寻找节约途径，减少材料采购保管费支出。

（7）材料计量验收分析材料进场（入库），需要计量验收。在计量验收中，有可能发生数量不足或质量、规格不符合要求等情况。对此，一方面，要向材料供应单位索赔；另一方面，要分析因数量不足和质量、规格不符合要求而对成本造成的影响。

（8）现场材料管理效益分析现场的材料、构件，按照平面布置的规定堆放有序，既可保持场容整洁，减少丢失现象，又可减少二次搬运费用。

3. 储备资金分析

储备资金分析应根据施工需要合理储备材料，减少资金占用，减少利息支出。

4. 周转材料分析

（1）工程施工项目的周转材料。

工程施工项目的周转材料，主要是钢支撑、钢斜支撑、钢管、扣件、安全网和竹木胶合板、钢模板、铝模板。周转材料在施工过程中的表现形态：周转使用，逐步磨损，直至报损报废。因此，周转材料的价值也要按规定逐月摊销。实行周转材料内部租赁制的，则按租用数量、租用时间，由租赁单位定期向租用单位收费。根据上述特点，周转材料分析的重点是周转材料的周转利用率和周转材料的赔损率的高低。

（2）周转材料的周转利用率。

周转材料的特点，就是在施工中反复周转使用，周转次数越多，利用效率越高，经济效益也越好。总体来看，装配式建筑周转材料可使用量和费用比传统现浇建筑降幅较大。对周转材料的租用单位来说，周转利用率是影响周转材料使用费的直接因素。

例如，某装配式建筑项目向某租赁公司租用钢支撑和钢斜支撑 20 000 m，租赁单价为 0.05 元/（天·米），计划周转利用率80%。后因加快施工进度，使钢支撑和钢斜支撑的周转利用率提高到90%，应用"差额计算法"计算可知：

$$可少租钢支撑和钢斜撑=（90\%-80\%）\times 20\ 000\ m=2\ 000\ m$$

$$每日减少钢支撑和钢斜撑租赁费=2\ 000\ m\times 0.05\ 元/（天·米）=100\ 元/天$$

（3）周转材料赔损率分析。

由于周转材料的缺损要按原价赔偿，对企业经济效益影响很大，特别是周转材料的缺损，所以只能用进场数减退场数进行计算。

$$周转材料赔损率=\frac{周转材料进场数-周转材料退场数}{周转材料进场数}\times 100\%$$

第三节　装配式建筑项目施工成本控制

装配式建筑造价构成与现浇建筑有明显差异，其工艺与传统现浇工艺有本质的区别，建造过程不同，建筑性能和品质也不一样，二者的"成本"并没有可比性。装配式建筑现场施工阶段的成本与设计、生产阶段密切相关。应从全局和整体策划，整体降低装配式建筑项目的设计、生产、安装等各环节的综合成本。本节从施工的角度对装配式建筑项目成本控制进行分析。

一、装配式项目现场施工成本分析

（一）运输阶段成本分析

运输费成本包括装车费、运输设施费、车费、卸车费等。

1. 运输费增加的项目

（1）构件本身运输车辆费用。

（2）构件运输的专用吊具、托架等费用。

（3）构件吊装需要大吨位起重机的购置费或租赁费分摊费用。

2. 运输费减少的项目

（1）模板使用量减少55%，模板运输费用等比例减少。

（2）建筑垃圾排放量最多可减少80%，运输费用等比例减少。

（3）脚手架用量大大减少，运输费用等比例减少。

（4）钢筋、模板等吊装量减少，起重机使用频率降低。

（5）混凝土泵送费用大幅度减少。

（6）混凝土罐车2%的挂壁量随着现浇量的减少而等比例减少。装配式建筑与传统现浇建筑的运输费用相比，有增加有减少，综合运输成本变化不大。

（二）装配阶段成本分析

1. 安装造价构成

安装造价包含构件造价、运输造价和安装自身的造价。安装取费和税金是以总造价为基数计算的。安装自身造价包括安装部件、附件和材料费；安装人工费与劳动保护用具费；水平、垂直运输、吊装设备、设施费；脚手架、安全网等安全设施费；设备、仪器、工具的摊销；现场临时设施和暂设费；人员调遣费；工程管理费、利润、税金等。

2. 装配式建筑项目施工成本与传统现浇建筑项目比较

套管、灌浆料、模板已在生产阶段成本分析中阐述，其他环节对比分析如下：

（1）人工现场吊装、灌浆作业人工增加；模板、钢筋、浇筑、脚手架人工减少。现场用工大量转移到工厂。如果工厂自动化程度高，总的人工减少，且幅度较大；如果工厂自动化程度低，人工相差不大。

（2）现场工棚、仓库等临时设施减少。

（3）冬期施工成本大幅度减少。

（4）现场垃圾及其清运大幅度减少。

（三）业主管理费用成本分析

对于无装修的清水房，装配式建筑的工期没有优势，与现浇建筑差不多，但对于精装修房，可以缩短工期。越是高层建筑，缩短工期越多。工期缩短会降低业主的成本：

（1）提前销售，提前回收投资。

（2）减少管理费用。

（3）降低银行贷款利息等财务费用。

（4）带来条件的改善，品质的提高，售后维修费用降低等。

二、装配式建筑项目成本控制

装配式建筑项目成本控制始于前期策划阶段。例如，装配式建筑结构类型、装配率选择、技术水平、生产工艺、管理水平、生产能力、运输条件、建设周期、建设规模、装配式建筑的政策及装配式建筑配套都会对装配式建筑的成本有很大的影响。由于设计对最终的造价起决定作用，在工程项目策划和初步设计方案阶段，就应系统考虑建筑设计方案对深化设计、预制构件拆分设计、预制构件及部品生产、运输、安装施工环节的影响，合理确定方案，从项目规划角度对规模小区或组团项目提高装配式建筑预制率，规模出效益，大投入需要大产量才能降低投资分摊。通过标准化，合理的产品化设计，减少预制构件种类规格，提高构件使用重复率，可以减少模具种类，提高模具周转次数，降低生产成本，同时也能降低生产和安装施工难度。采用结构装饰一体化设计，减少了工人现场湿作业，降低施工建造费用。在构件生产阶段，可以通过降低建厂费用，优化设计，降低模具费用，优化生产工期等措施降低构件的成本。在施工阶段，构件装配施工作为装配式建筑施工环节中的关键一环，预制构件安装技术水平的高低及安装质量的好坏直接影响到建筑成本的高低。因此，在进行生产成本管控的过程中，应加强对安装施工水平的提高。

（一）施工阶段成本控制难点

改变构件装运形式，提高运输效率。与现场良好配合沟通，预制构件编号和摆放追求科学简洁，尽量将构件平放或立放，提高构件的运输效率，降低运输费用。

预制构件的安装是装配式建筑核心技术之一，其费用构成以重型吊车和人工费为主，安装速度直接决定安装成本。关键的技术国产化的同时，有针对性的进行改进和优化，并且通过分段流水施工方法实现多工序同时工作，将有利于提高安装效率、降低安装成本。

（二）施工阶段成本控制的主要措施

施工管理阶段施工成本控制不仅仅依靠控制工程款的支付，更应从多方面采取措施管理，通常归纳为：组织措施、技术措施、经济措施、管理措施。

1. 组织措施

（1）组织措施的保障。组织措施是其他各类措施的前提和保障。完善高效的组织可以最大限度地发挥各级管理人员的积极性和创造性，因此必须建立完善的、科学的、分工合理的、责权利明确的项目成本控制体系。实施有效的激励措施和惩戒措施，通过责权利相结合，使责任人积极有效地承担成本控制的责任和风险。

（2）成本控制体系建立。项目部应明确施工成本控制的目标，建立一套科学有效的成本控制体系，根据成本控制体系对施工成本目标进行分解，并量化、细化到每个部门甚至于第一个责任人，从制度上明确每个责任部门、每个责任人的责任，明确其成本控制的对象、范围。同时，要强化施工成本管理观念，要求人人都要树立成本意识、效益意识，明确成本管理对单位效益所产生的重要影响。

2. 技术措施

（1）技术措施筹划。采取技术措施作用是在施工阶段充分发挥技术人员的主观能动性，寻求出较为经济可靠的技术方案，从而降低工程成本。加强施工现场管理，严格控制施工质量；对设计变更进行技术经济分析，严格控制设计变更；继续改进优化设计方案，根据成本节约潜力。

（2）编制施工组织设计。编制科学合理的施工组织设计，能够降低施工成本。尤其是要确定最佳预制构件安装施工方案，最适合的吊装施工机械、设备使用方案；审核预制构件生产企业编制的专项生产施工组织计划，对专项生产方案进行技术经济分析等。

（3）合理选择起重机械。装配式建筑起重机选型是实现安全生产、工程进度目标的重要环节。选型前，首先了解掌握项目工程最大预制构件的重量，根据塔式起重机半径吊装重量确定。避免选择起重能力不满足预制构件吊装重量要求的塔式起重机，以提高起重吊装机械使用率；同时，吊装预制构件的塔式起重机还要兼顾考虑现场钢筋、模板、混凝土、砌体等材料的竖向运输问题，或者选择其他种类起重机械配合使用，使得吊装施工所发生的费用保持较低水平。

（4）预制构件场地布置合理规划。布置现场堆放预制构件场地，现场施工道路要满足预制构件车辆运输通行要求，预制构件进场后的临时存放位置，必须设置在塔机起吊半径的范围之内，避免发生二次倒运费用。

3. 经济措施

（1）材料费的控制。材料费一般占工程全部费用的60%以上，直接影响工程成本和经济效益，主要要做好材料用量和材料价格控制两方面的工作来严格控制材料费。在材料用量方面：坚持按定额实行限额领料制度；避免和减少二次搬运等；降低运输成本：减少资金占用，降低存货成本。

（2）人工费的控制。

① 人工费一般占工程全部费用的30%甚至更多，所占比例较大，所以要严格控制人工费，加强施工队伍管理；加强定额用工管理。主要措施是改善劳动组织、合理使用劳动力，提高工作效率；执行劳动定额，实行合理的工资和奖励制度；加强技术教育和培训工作；压缩非生产用工和辅助用工，严格控制非生产人员比例；加强对技术工人的培训，使用专业劳务操作班组，提高工人的熟练度，降低人工费用消耗。

② 企业要有针对性的进行改进和优化，并且通过分段流水施工方法实现多工序同时工作，将有利于提高安装效率、降低安装成本。

（3）机械费的控制。根据工程的需要，正确选配和合理利用机械设备，做好机械设备的保养修理工作，避免不正当使用造成机械设备的闲置，从而加快施工进度、降低机械使用费。同时还可以考虑通过设备租赁等方式来降低机械使用费。

（4）间接费及其他直接费控制。主要是精简管理机构，合理确定管理幅度与管理层次，实行定额管理，制定费用分项分部门的定额指标，有计划地控制各项费用开支，对各项费用进行相应的审批制度。

（5）重视竣工结算工作。工程进入收尾阶段后。应尽快组织人员办理竣工结算手续。建筑工程项目施工成本控制措施对工程的人工费、机械使用费、材料费、管理费等各项费用进行分析、比较、查漏补缺，一方面确保竣工结算的正确性与完整性，另一方面弄清未来项目成本管理的方向和寻求降低成本的途径，项目部应尽快与建设单位明确债权债务关系，当建设单位不能在短期内清偿债务时，应通过协商，签订还故计划协议，明确还款时间，以减少能讨债务时的额外开支，尽可能将竣工结算成本降到最低。

4. 管理措施

（1）采用管理新技术。积极采用降低成本的管理新技术，如 BIM 技术、系统工程、全面质量管理、价值工程等。建筑信息模型的建立、虚拟施工和基于网络的项目管理将会给装配式建筑起到革命性变化，经济效益和社会效益将会逐渐显现。

（2）加强合同管理和索赔管理。合同管理和索赔管理是降低工程成本、提高经济效益的有效途径，项目管理人员应保证在施工过程严格按照项目合同进行执行，收集保存施工中与合同有关的资料、必要时可根据合同及相关资料要求索赔，确保施工过程中尽量减少不必要的费用支出和损失。

（3）控制预制构件采购成本。在施工过程中要做好对预制构件采购成本的控制。大型装配式住宅组团项目预制构件需求量大，施工单位应根据设计方案事先确定需求量计划，与相关构件生产企业进行谈判，争取优惠的供货价格。同时，合理安排组团项目的施工进度计划。优化均衡构件进货时间，减少存货时间和二次搬运，降低构件的储存及吊装成本。加强材料的管理，把好采购关；在材料价格方面，在保质保量前提下，降低采购成本；把好材料发放关，加强材料使用过程控制；加强大型周转性材料的管理与控制。另外，为降低不合格品带来的采购成本的增加，应做到每批构件按质量验收规程进行验收，坚决避免不合格构件运到施工现场，从而降低返修成本，并避免由于二次运输带来的成本增加。

（4）优化施工工序。

① 在施工过程中，要加强对施工工序的优化，缩短预制构件安装与现浇混凝土工序、其他辅助工序的间歇时间，装配式建筑施工中，预制构件安装是主要工序，同时也伴随着部分构件的现浇，为了进一步的优化施工，缩短工期，将预制构件拼装作为关键线路，其他工序应注意与其错开，使其能够平行施工，尽量缩短和减少关键线路的工序内容和工作。

② 充分发挥大型装配式住宅组团项目的特点，合理组织流水施工，提高钢支撑、钢斜撑、模板等周转性材料的周转率。各工序间衔接顺畅，确保支撑能够及时拆除周转，防止局部积压和占用。此外，应对支撑组件进行改进，做到安拆简易、转运方便，避免拆卸转运对周转产生影响。

③ 改进预制构件安装施工工艺，提高预制构件安装精度，选择合适的起重吊装机械提高施工安装的速度，节省安装费用。加强预制构件安装质量控制，注意预制构件同相邻后浇混凝土之间的平顺非常重要。减少室内装修施工湿作业，进而降低装饰材料费用和人工费用。

④ 加强构件成品保护，受到施工技术、人员操作熟练程度、场地限制、人工和机械配合的影响，会造成构件的碰撞破坏，增加返修的次数。因此，在施工过程中，应对技术工人进行规范化和专业化的施工培训，保证操作的规范化、流程化，加强对构件成品的保护，避免由于操作不规范带来的不合格品的返工。

思考题

1. 简述装配式建筑项目工程造价构成。
2. 装配式施工的生产方式改变对工程造价有哪些影响?
3. 装配式建筑项目成本管理的环节有哪些?
4. 对比分析装配式建筑项目运输阶段和现浇项目运输阶段成本增减内容。
5. 在施工阶段,相比现浇建筑,装配式建筑施工成本增加减少了哪些内容?
6. 简述降低装配式建筑成本的关键环节。
7. 简述装配式建筑项目施工阶段成本控制的主要措施。

第六章　装配式建筑项目质量控制

装配式建筑项目质量管理应提前策划，质量管理前置尤为重要。质量管理应充分考虑到装配式建筑的特点，全过程进行质量组织和控制工作。通过建立科学完善的质量监督机制，以及全方位、全过程的监督检查，把项目实施过程中可能存在的各种问题控制在萌芽当中，进而减少在施工过程中遇到的问题，提高施工效率，全面保证装配式建筑项目的质量。装配式建筑项目施工的质量控制由构件生产阶段和现场装配施工阶段组成，在质量控制与施工质量验收的规范方面，目前已经有完善的相应标准，但对于套筒灌浆等关键工序的质量检验仍以过程控制为主，这不仅要求监理在施工过程中严格监管，还需要进一步组织和培训专业的施工作业班组和确立标准化施工作业流程。相对于预制构件的制作质量与吊装质量，更多的标准化模具和成熟专业的施工标准做法显得尤为重要。

第一节　装配式建筑项目质量管理概述

一、装配式建筑质量的定义

装配式建筑作为一种特殊的建筑产品，除具有一般产品共有的质量特性，如性能、寿命、可靠性、安全性、经济性等满足社会需要的使用价值及其属性外，还具有特定的内涵。

（1）适用性，即功能，是指工程满足使用目的各种性能，包括理化性能，结构性能，使用性能，外观性能等。

（2）耐久性，即寿命，是指工程在规定的条件下，满足规定功能要求使用的年限，也就是工程竣工后的合理使用寿命周期。

（3）安全性，是指工程建成后在使用过程中保证结构安全、保证人身和环境免受危害的程度。

（4）可靠性，是指工程在规定的时间和规定的条件下完成规定功能的能力。

（5）经济性，是指工程从规划、勘察、设计、生产、施工到整个产品使用寿命周期内的成本和消耗的费用。

（6）与环境的协调性，是指工程与其周围生态环境协调，与所在地区经济环境协调以及与周围已建工程相协调，以适应可持续发展的要求。

（7）装配式建筑的质量更能符合绿色、低碳、节能、环保的要求，通过绿色施工，实现节能减排的要求。

二、装配式建筑项目质量控制的特点

由于装配式建筑项目施工涉方面广，是一个极其复杂的综合过程，再加上建设周期长、位置固定、生产流动、结构类型不一、质量要求不一、施工方法不一，受自然条件影响大等特点，因此，装配式建筑项目的质量比一般工业产品的质量更难以控制，主要表现在以下几方面：

（一）影响质量的因素多

如预制构件上建筑、结构、水电暖通、弱电设计集成状况、材料选用、机械选用、地形地质、水文、气象、工期、管理制度、施工工艺及操作方法、技术措施、工程造价等均直接影响项目的施工质量。

（二）容易产生质量变异

在装配式建筑项目中，尽管预制构件部品有固定的流水生产线，有规范化的生产工艺和完善的检测技术，有成套的生产设备和稳定的生产环境，产品成系列，但是，大量现浇结构及装饰湿作业仍存在，设备后期穿管、穿线终端器具安装作业仍然需要现场完成，影响项目施工质量的偶然性因素和系统性因素仍较多，因此，质量变异容易产生。

（三）质量隐蔽性

施工过程中，由于工序交接多、中间产品多、隐蔽工程多，因此质量存在隐蔽性。若不及时进行质量检查，事后只能从表面上检查，就很难发现内在的质量问题，这样就容易产生第二判断错误。也就是说，容易将不合格的产品误认为是合格的产品。反之，若不认真检查，测量仪器不准，读数有误，就会产生第一判断错误。因此，在质量检查时应特别注意，尤其是预制构件的吊装与灌浆。

（四）评价方法的特殊性

装配式建筑工程项目质量的检查评定及验收是按检验批、分项工程、分部工程、单位工程进行的。检验批的质量是分项工程乃至整个工程质量检验的基础，其是否合格主要取决于主控项目和一般项目抽样检验的结果。隐蔽工程在隐蔽前要检查合格后验收，涉及结构安全的试块、试件以及有关材料，应按规定进行见证取样检测，涉及结构安全和使用功能的重要分部工程要进行抽样检测。

（五）质量控制前移

施工质量控制前移，施工单位在质量方面发挥作用减小。质量的定义是双重的，不仅指生产质量和设计质量，往往更依赖于建筑师的工作质量。装配式建筑的构件化需要设计师在早期就要充分计算设计好构件的参数，且要考虑构件的拼装问题，使得施工质量控制大大前移。预制构件按照设计要求先在预制厂完成浇筑，运到施工现场后，由工人完成安装。这个过程中施工单位发挥的作用便不如传统施工单位重要。

三、装配式建筑项目质量控制基本原理

（一）PDCA 循环原理

PDCA 循环原理是项目目标控制的基本方法，也同样适用于工程项目质量控制。实施 PDCA 质量控制循环原理时，把质量控制全过程划分为计划 P（Plan）、D 实施（Do）、检查 C（Check）、A 处理（Action）四个阶段（见图 6-1）。

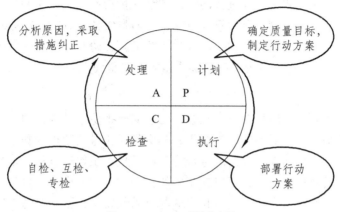

图 6-1　PDCA 循环过程

PDCA 循环的关键不仅在于通过 A（Action）去发现问题，分析原因，予以纠正及预防，更重要在于对于发现的问题在下一 PDCA 循环中某个阶段，如计划阶段，予以解决。于是不断地发现问题，不断地进行 PDCA 循环，使质量不断改进，不断上升。

PDCA 循环的 8 个步骤以及相应的方法如表 6-1 所示。

表 6-1　PDCA 循环的步骤

阶　段	步　骤	方　法
计划	1. 分析现状，找出问题	排列图，直方图，控制图
	2. 分析各种影响因素或原因	因果图
	3. 找出主要影响因素	排列图，相关图
	4. 针对主要原因，制定措施计划	回答"5W1H"的问题： 为什么制定该措施（Why）？ 达到什么目标（what）？ 在何处执行（Where）？ 由谁负责完成（Who）？ 什么时间完成（When）？ 如何完成（How）？
实施	5. 执行、实施计划	
检查	6. 检查计划执行结果	排列图，直方图，控制图
处理	7. 总结成功经验，制定相应标准	制定或修改工作规程、检查规程及其他有关规章制度
	8. 把未解决或新出现问题转入下一个 PDCA 循环	

（二）三阶段控制原理

三阶段控制包括：事前控制、事中控制和事后控制。这三阶段控制构成了质量控制的系统控制过程。三大环节之间构成有机的系统过程，实质上也就是 PDCA 循环具体化，并在每一次滚动循环中不断提高，达到质量管理或质量控制的持续改进。

1. 事前质量控制

事前质量控制即在正式施工前进行的事前主动质量控制，通过编制施工质量计划，明确质量目标，制定施工方案，设置质量管理点，落实质量责任，分析可能导致质量目标偏离的各种影响因素，针对这些影响因素制定有效的预防措施，防患于未然。装配式建筑项目具有技术前置、管理前移的特点，因此必须加强质量管理的事前控制。

2. 事中质量控制

事中质量控制指在施工质量形成过程中，对影响施工质量的各种因素进行全面的动态控制。事中控制首先是对质量活动的行为约束，其次是对质量活动过程和结果的监督控制。事中控制的关键是坚持质量标准，控制的重点是工序质量、工作质量和质量控制点的控制。装配式建筑项目在质量管理过程中，要以施工中的构配件运输、堆放、检验和安装等一系列过程为主线，提高工人的技术水平，配备相应的起重吊装设备，强调对各工序的验收，严格执行装配式建筑的各项规范，最终确保装配式结构的施工质量。

3. 事后质量控制

事后质量控制也称为事后质量把关，以使不合格的工序或最终产品（包括单位工程或整个工程项目）不流入下道工序、不进入市场。事后控制包括对质量活动结果的评价、认定和对质量偏差的纠正。控制的重点是发现施工质量方面的缺陷，并通过分析提出施工质量改进的措施，保持质量处于受控状态。

（三）全面质量控制

全面质量控制是指生产企业的质量管理应该是全面、全过程和全员参与的，此原理对装配式建筑项目管理以及质量控制，同样具有理论和实践的指导意义。

（1）全面质量管理，是指对工程（产品）质量和工作质量以及人的质量的全面控制，工作质量是产品质量的保证，工作质量直接影响产品质量的形成，而人的质量直接影响工作质量的形成。因此提高人的质量（素质）是关键。

（2）全过程质量管理，是指根据工程质量的形成规律，从源头抓起，全过程推进。

（3）全员参与管理，从全面质量控制的观点看，无论企业内部的管理者还是作业者，每个岗位都承担着相应的质量职能，一旦确定了质量方针目标，就应组织和动员全体员工参与到实施质量方针的系统活动中去，发挥自己的角色作用。

四、装配式建筑项目质量控制的基本方法

（一）审核有关技术文件、报告或报表

审核是项目经理对工程质量进行全面管理的重要手段，其具体审核内容包括对有关技术

资质证明文件、开工报告、施工单位质量保证体系文件、施工组织设计和专项施工方案及技术措施、有关文件和半成品机构配件的质量检验报告、反映工序质量动态的统计资料或控制图表、设计变更和修改图纸及技术措施、有关工程质量事故的处理方案、有关应用"新技术、新工艺、新材料"现场试验报告和鉴定报告、签署的现场有关技术签证和文件等的审查。

（二）现场质量检查

（1）现场质量检查的内容包括：开工前的检查，主要检查是否具备开工条件，开工后是否能够保持连续正常施工，能否保证工程质量；工序交接检查，对于重要的工序或对工程质量有重大影响的工序，应严格执行"三检"制度，即自检、互检、交接检。未经监理工程师（建设单位技术负责人）检查认可，不得进行下道工序施工；隐蔽工程的检查，施工中凡是隐蔽工程必须检查认证后方可进行隐蔽掩盖；停工后复工的检查，因客观因素停工或处理质量事故等停工复工的，经检查认可后方能复工；分项分部工程完工后，应经检查认可，并签署验收记录后，才能进行下一工程项目的施工；成品保护的检查，检查成品有无保护措施以及保护措施是否有效可靠。

（2）现场质量检查的方法主要有目测法、实测法和试验法等。

①目测法，即凭借感官进行检查，也称观感质量检验，其方法可概括为"看、摸、敲、照"四个字。

②实测法，就是通过实测数据与施工规范、质量标准的要求及允许偏差值进行对照，以此判断质量是否符合要求。其手段可概括为"靠、量、吊、套"四个字。

③试验法，是指通过必要的试验手段对质量进行判断的检查方法，主要包括理化试验和无损检测。工程中常用的理化试验包括物理力学性能方面的检验和化学成分及其含量的测定等两个方面。常用的无损检测方法有超声波探伤、X射线探伤、γ射线探伤等。

五、装配式建筑项目质量控制的数理统计方法

工程项目质量控制用数理统计方法可以科学地掌握质量状态，分析存在的质量问题，了解影响质量的各种因素，达到提高工程质量和经济效益的目的。装配式建筑项目质量控制可以采用传统建筑工程上常用的统计方法，如排列图法、因果分析图法、直方图法、控制图法、因果分析法、统计调查法、分层法、相关图法。

（一）排列图法

排列图又称主次因素排列图或巴雷特图法。根据累计频率把影响因素分成3类：A类因素，对应于累计频率0~80%，是影响产品质量的主要因素；B类因素，对应于累计频率80%~90%，为次要因素；C类因素，对应于累计频率90%~100%，为一般因素。运用排列图便于找出主次矛盾，以利于采取措施加以改进。如图6-2所示。

（二）因果分析图法

因果分析图法又称为鱼刺图法，是分析质量问题产生原因的有效工具。通过排列图，找到了影响质量的主要问题（或主要因素），但找到问题不是质量控制的最终目的，目的是搞清

产生质量问题的各种原因，以便采取措施加以纠正。

通过对装配式项目施工的实际情况充分调研分析，应用鱼刺图法，得出影响施工质量的因素，如图6-3所示。

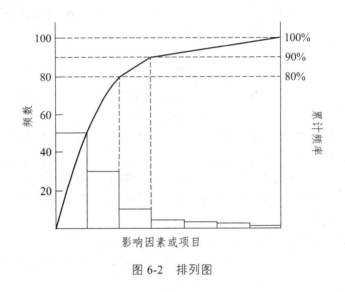

图 6-2　排列图

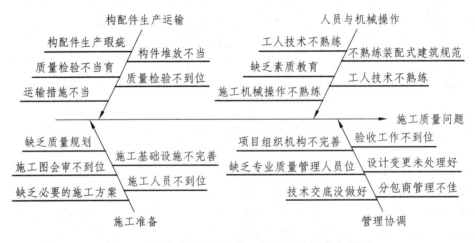

图 6-3　装配式建筑项目施工质量影响因素鱼刺图

根据装配式建筑施工的实际情况及存在的问题，可以将影响质量的因素分为四大类：构配件供应、施工准备、人员与机械操作及管理协调。对每一类因素进行的进一步分析和总结可以得出次级因素，有助于对影响质量的因素进行更深入的分析。

六、装配式建筑项目工序质量的影响因素及措施

任何一个工程项目建设的过程都是由一道道工序组成的，每一道工序的质量，必须满足下一道工序要求的质量标准，工序质量决定了项目质量。项目质量的全面控制，应重点控制

工序质量，对影响工序质量的人、机械、材料、方法和环境因素（简称 4M1E）进行控制，以便及时发现问题，查明原因，采取措施。

（一）以人的工作质量确保工程质量

工程质量是直接参与施工的组织者、指挥者和具体操作者共同创造的，人的素质、责任感、事业心、质量观、业务能力、技术水平等均直接影响工程质量。质量的控制需要充分调动人的积极性，发挥人的主导作用。因此，加强劳动纪律教育、职业道德教育、专业技术培训，健全岗位责任制，改善劳动条件，是确保工程质量的关键。

（二）机械控制

机械控制包括施工机械设备、工具等控制，根据不同工艺特点和技术要求，选用匹配的合格机械设备也是确保工程质量关键；正确使用、管理和保养好机械设备。为此，要健全"人机固定"制度、"操作证"制度、岗位责任制度、交接班制度、"技术保养"制度、"安全使用"制度、机械设备检查制度等，确保机械设备处于最佳使用状态。

（三）严格控制投入材料的质量

任何一项工程施工，均需投入大量的各种原材料、成品、半成品、构配件和材料，对于上述各种物资，主要是严格检查验收控制，正确合理地使用，建立管理台账，进行收、发、储、运等各环节的技术管理，避免不合格的材料被使用到工程上。为此，对投入物品的订货、采购、检查、验收、取样、试验等环节均应进行全面控制，从组织货源、优选供货厂家、直到使用认证，特别是预制构件及部品应使用经地方主管部门认证的产品，做到层层把关。

（四）施工方法控制

这里所说的施工方法控制，包含施工组织设计、专项施工方案、施工工艺、施工技术措施等的控制，这是保证工程质量的基础。应针对工程的具体情况，对施工过程中所采用的施工方案进行充分论证，切实解决施工难题，并有利于保证质量、加快进度、降低成本，做到工艺先进、技术合理、环境协调，有利于提高工程质量。

（五）环境控制

影响施工项目质量的环境因素较多，有工程技术环境，如工程地质、水文、气象等；工程管理环境，如质量保证体系、质量管理制度等；劳动环境，如劳动组合、作业场所、工作面等。环境因素对质量的影响，具有复杂而多变的特点，如气象条件就变化万千，温度、湿度、大风、暴雨、酷暑、严寒都直接影响工程质量；前一工序往往就是后一工序的环境，前一分项、分部工程也就是后一分项、分部工程的环境。因此，应根据工程特点和具体条件，对影响质量的环境因素采取有效的措施严加控制，尤其是施工现场，建立文明施工和文明生产的环境，保持预制构件部品有足够的堆放场地，其他材料工件堆放有序，道路通畅，工作场所清洁整齐，施工程序井井有条，为确保质量、安全创造良好条件。

第二节 装配式建筑项目施工质量控制

一、装配式建筑施工企业应具备的条件

装配式建筑施工是一种全方位装配式混凝土结构施工技术，只有具备一定条件的施工企业才能够保障装配式建筑施工的顺利进行和工程结构的质量与安全。对于装配式建筑施工企业应具备的条件，目前我国尚无统一规定。住建部只是鼓励和推荐采用装配式建筑工程设计、生产、施工一体化的工程总承包模式。对于装配式建筑施工企业除满足政府或业主的一些硬性要求以外，还须具备以下条件：

（1）具有一定的装配式建筑施工管理经验，掌握一定的国内外先进装配式建筑施工技术。

（2）具备健全完整的装配式建筑施工管理体系和质量保障体系。

（3）具备一定数量具有装配式建筑施工经验的专业技术管理人员和专业技术工人。

（4）具有能够满足装配式建筑施工的大型吊装运输设备及各种专用设备。

二、装配式建筑质量管理体系

装配式建筑施工管理与传统工程施工管理大体相同，同时也具有一定的特殊性。施工单位应建立健全可靠的技术质量保证体系。配备相应的质量管理人员，认真贯彻落实各项质量管理制度、法规和相关规范。对于装配式建筑施工企业管理不但要建立传统工程应具备的项目进度管理体系、质量管理体系、安全管理体系、材料采购管理体系及成本管理体系等，还需针对装配式建筑施工的特点，构件起重吊装、构件安装及连接等，补充完善相应管理体系，包括装配式建筑构件的生产、运输、进场存放和安装计划，构件的进场、存放、安装、灌浆顺序，构件的现场存放位置及塔式起重机安装位置等。装配式建筑施工质量管理必须贯穿构件生产、构件运输、构件进场、构件堆放、构件吊装施工等全过程周期。

三、质量控制基本要求

施工中严格执行"三检"制度：每道工序完成后必须经过班组自检、互检、交接检认定合格后，由专业质检员进行复查，并完善相应资料，报请监理工程师检查验收合格后，才能进行下一道工序施工。

所有构件进场前进行质量验收，合格后方可进行使用。

套筒灌浆作业前构件安装质量报监理验收，验收合格后方可进行灌浆作业，并且对灌浆作业整个过程进行监督并做好灌浆作业记录。

商品混凝土浇筑前，先对商品混凝土随车资料进行检查，报请监理验收并签署混凝土浇筑令后，方可浇筑。

四、预制构件的储存和运输

（1）合理进行预制构件储存及场地规划，预制构件堆放储存应符合下列规定：堆放场地

应平整、坚实，并应有排水措施；按构件种类堆放，按楼栋号楼层号堆放；堆放构件的支垫应坚实；预制构件的堆放应将预埋吊件向上，标志向外；垫木或垫块在构件下的位置宜与脱模、吊装时的起吊位置一致；重叠堆放构件时，每层构件间的垫木或垫块应在同一垂直线上；堆垛层数应根据构件与垫木或垫块的承载能力及堆垛的稳定性确定，见图 6-4 ~ 图 6-6。

图 6-4　墙板堆放　　　　　　　　　　　图 6-5　叠合梁堆放

图 6-6　叠合板堆放

（2）预制构件的运输应制定运输计划及方案，包括运输工具、运输时间、顺序、堆放场地、运输线路、固定要求、堆放支垫及成品保护措施等内容。对于超高、超宽，或形状特殊的大型构件的运输和堆放应采取专门质量安全保证措施（见图 6-7）。

图 6-7　预制构件运输

（3）构件储存运输质量管理要点。

构件储存运输质量管理有以下几个要点：

① 正确的吊装位置。

② 正确的吊架吊具。

③ 正确的支承点位置。

④ 垫方、垫块符合要求。

⑤ 防止磕碰污染。

五、预制构件进场验收质量控制

预制构件进场，使用方应重点检查结构性能、预制构件粗糙面的质量及键槽的数量等是否符合设计要求，并按下述要求进行进场验收，检查供货方所提供的材料。预制构件的质量、标识应符合设计要求和现行国家相关标准规定。

（一）预制构件进场验收

预制构件进场应检查明显部位是否标明生产单位、构件编号、生产日期和质量验收标志；预制构件上的预埋件、插筋和预留孔洞的规格、位置和数量是否符合标准图或拆分设计的要求；产品合格证、产品说明书等相关的质量证明文件是否齐全，与产品相符。

（二）预制构件的外观质量检查

预制构件的外观质量不宜有一般缺陷，对已经出现的一般缺陷，应根据合同约定按技术处理方案进行处理，并重新检查验收。预制构件的外观质量不应有严重缺陷，对已经出现的严重缺陷，应根据合同约定按技术处理方案进行处理，并重新检查验收。预制构件外观质量判定方法应符合表 6-2 的规定。

表 6-2　预制构件外观质量判定方法

项　　目	现　　象	质量要求
露筋	钢筋未被混凝土完全包裹而外露	受力主筋不应有,其他构造钢筋和箍筋允许少量
蜂窝	混凝土表面石子外露	受力主筋部位和支撑点位置不应有,其他部位允许少量
孔洞	混凝土中孔穴深度和长度超过保护层厚度	不应有
夹渣	混凝土中夹有杂物且深度超过保护层厚度	禁止夹渣
内、外形面缺陷	内表面缺棱掉角、表面翘曲、抹面凹凸不平,外表面面砖黏结不牢、位置偏差、面砖嵌缝没有达到横平竖直、转角面砖棱角不直、面砖表面翘曲不平	内表面缺陷基本不允许,要求达到预制构件允许偏差;外表面仅允许极少量缺陷,但禁止面砖黏结不牢、位置偏差,面砖翘曲不平不得超过允许值

项目	现象	质量要求
内、外表面缺陷	内表面麻面、起砂、掉皮、污染，外表面面砖污染、窗框保护纸破坏	允许少量污染不影响结构使用功能和结构尺寸的缺陷
连接部位缺陷	连接处混凝土缺陷及连接钢筋、拉结件松动	不应有
破损	影响外观	影响结构性能的破损不应有，不影响结构性能和使用功能的破损不宜有
裂缝	裂缝贯穿保护层到达构件内部	影响结构性能的裂缝不应有，不影响结构性能和使用功能的裂缝不宜有

（三）预制构件的尺寸检查

预制构件不应有影响结构性能、安装和使用功能的尺寸偏差。对超过尺寸允许偏差且影响结构性能、安装和使用功能的预制构件，应根据合同约定按技术处理方案进行处理，并重新检查验收。预制构件尺寸的允许偏差按表 6-3 要求检验，并应符合规范的规定。

表 6-3 预制构件尺寸的允许偏差及检验方法

项 目			允许偏差/mm	检验方法
长度	板、梁、柱、桁架	＜12 m	±5	尺寸检查
		≥12 m 且＜18 m	±10	
		≥18 m	±20	
	墙板		±4	
宽度、高（厚）度	板、梁、柱、桁架截面尺寸		±5	钢尺量一端及中部，取其中偏差绝对值较
	墙板的高度、厚度		±3	
表面平整度	板、梁、柱、墙板内表面		±5	2 m 靠尺和塞尺检查
	墙板外表面		±3	
侧向弯曲	板、梁、柱		$L/750$ 且≤20	拉尺、钢尺量最大侧向弯曲处
	墙板、桁架		$L/1\,000$ 且≤20	
翘曲	板		$L/750$	调平尺在两端量测
	墙板		$L/1\,000$	
对角线差	板		10	钢尺量两个对角线
	墙板，门窗口		5	
挠曲变形	梁、板、桁架设计起拱		±10	拉线、钢尺量最大侧向弯曲处
	梁、板、桁架下垂		0	
预留孔	中心线位置		5	尺寸检查
	孔尺寸		±5	
预留洞	中心线位置		10	尺寸检查
	洞口尺寸、深度		±10	

项 目		允许偏差/mm	检验方法
门窗口	中心线位置	5	尺寸检查
	宽度、高度	±3	
预埋件	预埋板中心线位置	5	尺寸检查
	预埋板与混凝土面平面高差	0, −5	
	预埋螺栓中心线位置	2	
	预埋螺栓外露长度	+10, −5	
	预埋螺栓、预埋套筒中心线位置	2	
	预埋套筒、螺母与混凝土面平面高	0, −5	
	线管、电盒、木砖、吊环与构件平面的中心线位置偏差	20	
	线管、电盒、木砖、吊环与构件表	0, −10	
预留插筋	中心线位置	5	尺寸检查
	外露长度	+5, −5	
键槽	中心线位置	5	尺寸检查
	长度、宽度、深度	±5	
桁架钢筋高度		+5, 0	尺寸检查

注：L 为构件最长边的长度（mm）；检查中心线、螺栓和孔洞位置偏差时，应沿纵、横两个方向量测，并取其中偏差较大者。

六、构件装配施工质量控制

预制构件吊装质量要求远高于传统现浇结构施工要求，因此必须在施工前编制详细的质量管理计划。计划编制时应重点针对预制构件的吊装精度和防水以及节点构造施工质量等要求提出相应的管理目标和具体的措施。现场负责质量管理的人员必须经过专项的装配式建筑施工培训，具备相应的质量管理资质。装配式建筑施工质量管理必须贯穿构件生产、构件运输、构件进场、构件堆置、构件吊装等全过程周期。装配整体式结构尺寸允许偏差及检验方法应符合表 6-4 的规定。

表 6-4　装配整体式结构尺寸允许偏差及检验方法

项 目		允许偏差/mm	检验方法
构件中心线对轴线位置	基础	15	尺量检查
	竖向构件（柱、墙板、桁架）	10	
	水平构件（梁、板）	5	
构件标高	梁、板底面或顶面	±5	水平仪或尺量检查
	柱、墙板顶面	±3	

项　目			允许偏差/mm	检验方法
构件垂直度	柱、墙板	<5 m	5	经纬仪量测
		≥5 m 且<10 m	10	
		≥10 m	20	
构件倾斜度	梁、桁架		5	垂线、钢尺检查
相邻构件平整度	板端面		5	垂线、钢尺检查
	梁、板下表面	抹灰	5（国标、省标不同）	
		不抹灰	3（国标、省标不同）	
	柱、墙板侧表面	外露	5	
		不外露	10	
构件搁置长度	梁、板		±10	尺量检查
支座、支垫中心位置	板、梁、柱、墙板、桁架		10（国标、省标不同）	尺量检查
接缝宽度			±5	尺量检查

（一）吊装工程质量控制要点

装配式混凝土建筑施工宜采用工具化、标准化的工装系统。装配式混凝土建筑施工前，宜选择有代表性的单元进行预制构件试安装，并应根据试安装结果及时调整施工工艺、完善施工方案。

1. 吊装前准备要点

吊装前应进行以下准备工作：

（1）构件吊装前必须整理吊具，并根据构件不同形式和大小安装好吊具，这样既节省吊装时间又可保证吊装质量和安全。确保吊装钢梁、吊索、吊钩、卡环等吊具完好，且必须在额定限载范围内使用。

（2）构件必须根据吊装顺序进行装车，避免现场转运和查找。

（3）构件进场后根据构件标号和吊装计划的吊装序号在构件上标出序号，并在图纸上标出序号位置，这样可直观表示出构件位置，便于吊装和指挥操作，减少误吊概率。

（4）所有构件吊装前必须在相关构件上提前放好各个截面的控制线，可节省吊装、调整时间并利于质量控制。

（5）墙体吊装前必须将调节工具埋件提前安装在楼板上，可减少吊装时间并利于质量控制（见图6-8）。

（6）所有构件吊装前下部支撑体系必须完成，且支撑点标高应精确调整。

（7）梁构件吊装前必须测量并修正柱顶标高，确保与梁底标高一致，便于梁就位。

2. 吊装过程要点

吊装过程的要点如下：

（1）构件起吊离开地面时如顶部（表面）未达到水平，必须调整水平后再吊至构件就位处，这样便于钢筋对位和构件落位。

图 6-8　位置调节工具

（2）柱拆模后立即进行钢筋位置复核和调整，确保不会与梁钢筋冲突，避免梁无法就位。

（3）突窗、阳台、楼梯、部分梁构件等同一构件上吊点高低有不同的，低处吊点采用葫芦进行拉接，起吊后调平，落位时采用葫芦紧密调整标高。

（4）梁吊装前柱核心区内先安装一道柱箍筋，梁就位后再安装两道柱箍筋，之后才可进行梁、墙吊装。否则，柱核心区质量无法保证。

（5）梁吊装前应将所有梁底标高进行统计，有交叉部分梁吊装方案根据先低后高进行安排施工。

（6）墙体吊装后才可进行梁面筋绑扎，否则将阻碍墙锚固钢筋深入梁内。

（7）墙体如果是水平装车，起吊时应先在墙面安装吊具，将墙水平吊至地面后将吊具移至墙顶。在墙底铺垫轮胎或橡胶垫，进行墙体翻身使其垂直，这样可避免墙底部边角损坏。

（8）吊装过程中严禁对预制构件的预留钢筋进行弯折、切断。

3. 预制构件吊装施工质量的控制

预制构件吊装质量的控制是装配式结构工程的重点环节，也是核心内容，主要控制重点在施工测量的精度上。为达到构件整体拼装的严密性，避免因累计误差超过允许偏差值而使后续构件无法正常吊装就位等问题的出现，吊装前须对所有吊装控制线进行认真的复检。

（1）预制墙体吊装控制点。

①吊装前对外墙分割线进行统筹分割，尽量将现浇结构的施工误差进行平差，防止预制构件因误差累积而无法进行。

②在地面放好控制线和施工线，用于墙板定位，用水准仪测量底部水平，根据数值，在墙板吊装面位置下放置垫片。

③墙体吊装顺序与板的吊装基本一致，吊装应依次铺开，不宜间隔吊装。墙板吊装采用不少于两点吊装。

④吊装顺序：安装墙板前，清扫预制板底部垃圾；墙板落地慢速均匀，下落时，墙板下部预留连接孔与地面预留插筋对齐；墙板平稳落地后，立即安装临时支撑，斜撑旋转扣固先上后下，调节中间旋转孔调节墙板垂直度，使墙板大致垂直；用撬棍或其他校正工具调整预制板位置与控制线平齐；将挂钩卸掉，并将吊钩、缆风绳、链条抓紧，送至头顶以上松掉

吊走；通过调整斜撑杆配合靠尺测量墙板垂直度，固定中间两个旋转扣将斜支撑锁定；检验墙板安装垂直平整度，验收合格后进入下道工序。

⑤ 墙吊装时应事先将对应的结构标高线标于构件内侧，有利于吊装标高控制，误差不得大于 2 mm；预制墙吊装就位后标高允许偏差不大于 4 mm，全层不得大于 8 mm，定位不大于 3 mm。

（2）预制梁吊装控制点。

① 梁吊装顺序应遵循先主梁后次梁，先低后高（梁底标高）的原则。吊装前应根据吊装顺序检查构件装车顺序是否对应，梁吊装标识是否正确。

② 根据设计蓝图及构件详图计算出梁底标高，使用卷尺从 1 m 线向上测量梁底搁置标高点，做好垫片垫置到设计标高（见图 6-9）。

图 6-9　检查梁底标高

③ 下部采用独立顶撑进行支撑时，间距不大于 1.8 m，小梁不少于两个支撑。

④ 确定预制梁编号正确，节点梁钢筋复位，按指南针方向确认梁搁置方向正确，就位校正。

⑤ 预制梁吊装放置到位后采用废钢筋点焊固定，独立支撑加固，松吊钩。

⑥ 梁底支撑标高调整必须高出梁底结构标高 2 mm，使支撑充分受力，避免预制梁底开裂。装配式结构工程的构件不是整体预制，在吊装就位后不能承受自身荷载，因此梁底支撑不得大于 2 m，每根支撑之间高差不得大于 1.5 mm，标高不得大于 3 mm。

（3）预制楼梯吊装控制点。

① 吊装前根据预制楼梯梯段的高度，测量楼梯梁水平。根据测量结果放置不同厚度的垫片来控制楼梯标高。

② 楼梯吊装采用四点起吊（见图 6-10），使用专用吊环与预制楼梯上预埋的接驳器连接，使用钢扁担吊装、钢丝绳和吊环配合楼梯吊装。

③ 吊装楼梯至吊装面高度 1.5 m 高时，上下两端固定楼梯上吊装钢丝绳。使吊装楼梯缓缓落在楼梯吊装控制线内。

④ 在吊装楼梯到安装面 5 ~ 10 cm 高度时，调整预制楼梯平衡。

⑤ 通过使用撬棒和直尺的配合调整楼梯梯段位置。

⑥ 通过靠尺检测楼梯水平和相邻梯段间的水平。

⑦ 当检测完毕后，吊钩落下。去掉吊环，将吊环送至头顶吊走。

图 6-10　楼梯吊装

（4）预制叠合板吊拼装控制点

① 叠合板吊装顺序尽量依次铺开，不宜间隔吊装。

② 用水平尺检查搭好的排架或独立支撑上的方木与叠合梁上口是否平齐；板底支撑与梁支撑基本相同，板底支撑不得大于 2 m，每根支撑之间高差不得大于 2 mm，标高不得大于 3 mm，悬挑板外端比内端支撑尽量调高 2 mm（见图 6-11）。

图 6-11　叠合板底部支撑

③ 叠合板不少于四点起吊（见图 6-12），吊装时使用小卸扣连接叠合板上的预埋吊环，起吊时检查下叠合板是否平衡。在叠合板吊装至吊装面时，抓住叠合板桁架钢筋固定叠合板。

图 6-12　叠合板起吊

④ 将叠合板吊装至安装位置上 1.5 m 高上下,抓住叠合板桁架钢筋轻轻下落。在高度 10 cm 高时参照梁边缘校准落下。

⑤ 使用直尺配合撬棍校正叠合板位置。

⑥ 每块板吊装就位后偏差不得大于 2 mm,累计误差不得大于 5 mm。

(5)预制阳台(空调板)吊装控制点。

① 预制阳台(空调板)安装时,板底应采用临时支撑措施(见图 6-13)。

图 6-13　阳台板支撑

② 安装人员戴好安全带,搭设支撑排架,排架顶端可以调节高度,排架与室内部排架相连。

③ 阳台(空调板)采用四点起吊,起吊时使用专用吊环连接到阳台(空调板)的预埋吊点上。

④ 阳台(空调板)吊起调至 1.5 m 高处。调整阳台(空调板)位置,锚固钢筋向内侧。

⑤ 阳台(空调板)吊装缓慢落下,将阳台(空调板)引至安装槽内。阳台(空调板)有锚固筋一侧与预制外墙板内侧对齐,使阳台(空调板)预埋连接孔与阳台(空调板)竖向连接板对齐。

⑥ 安装阳台(空调板)竖向连接板的连接锚栓,并拧紧牢靠。

⑦ 用水平尺测量水平,通过调节 U 形托配合水平尺确定阳台(空调板)安装高度、泛水坡度。

⑧ 阳台(空调板)安装好后,拆除专用吊具。

(二)钢筋工程质量控制要点

钢筋工程质量控制要点如下:

(1)装配式建筑后浇混凝土内的连接钢筋应埋设准确,连接与锚固方式应符合设计和现行有关技术标准的规定。

(2)预制构件连接处的钢筋位置应符合设计要求。

(3)钢筋套筒灌浆连接及浆锚连接接头的预留钢筋应设计专门定位和导向装置,来完成墙板定位(见图 6-14),保证结构安装顺利进行。

(4)应采用可靠的固定措施控制连接钢筋的外露长度,以满足钢筋同钢套筒或金属波纹管的连接要求。

图 6-14　钢筋定位器

（5）定位钢筋应该严格按设计要求进行加工，同时，为了保证预制墙体吊装时能更快插入连接套筒中，所有定位钢筋插入段必须采用砂轮切割机切割，严禁使用钢筋切断机切断，切割后应保证插入端无切割毛刺。

（6）钢筋采用焊接、机械连接、埋件焊接、钢筋套筒灌浆连接以及锚固等措施时，质量应符合相关国家现行标准的要求。

（7）装配式建筑中后浇混凝土中连接钢筋、预埋件安装位置允许偏差及检验方法应符合表 6-5 的规定。

表 6-5　连接钢筋、预埋件安装位置允许偏差及检验方法

项　目		允许偏差/mm	检验方法
连接钢筋	中心线位置	5	尺量检查
	长度	±10	
灌浆套筒连接钢筋	中心线位置	2	宜用专用定位模具整体检查
	长度	3，0	尺量检查
安装用预埋件	中心线位置	3	尺量检查
	水平偏差	3，0	尺量和塞尺检查
斜支撑预埋件	中心线位置	±10	尺量检查
普通预埋件	中心线位置	5	尺量检查
	水平偏差	3，0	尺量和塞尺检查

注：检查预埋中心线位置，应沿纵横两个方向量测，并取其中偏差较大者。

（三）预制构件节点钢筋绑扎控制点

预制构件节点钢筋绑扎控制要点如下：

（1）预制构件吊装就位后，根据结构设计图纸，绑扎剪力墙垂直连接节点、梁、板连接节点钢筋（见图 6-15 ~ 图 6-17）。

（2）钢筋绑扎前，应先校正预留锚筋、箍筋位置及箍筋弯钩角度。

（3）剪力墙垂直连接节点暗柱、剪力墙受力钢筋采用搭接绑扎，搭接长度应满足规范要求。

（4）暗梁（叠合梁）纵向受力钢筋宜采用帮条单面焊接。

图 6-15 "L"形节点钢筋绑扎

图 6-16 墙—墙连接钢筋绑扎

图 6-17 叠合梁钢筋绑扎

（四）钢筋套筒灌浆控制点

灌浆套筒进场时，应抽取套筒采用与之匹配的灌浆料制作对中连接接头，并作抗拉强度检验，检验结果应符合现行行业标准《钢筋机械连接技术规程》（JGJ 107）中Ⅰ级接头对抗拉强度的要求。灌浆连接应编制专项施工方案，灌浆操作工人应培训合格后方可上岗操作。施工过程应严格控制灌浆料的现场制作工艺、专人监督灌浆作业过程，确保灌浆作业质量，并做好灌浆作业记录。

（1）灌浆前应全面检查灌浆孔道、泌水孔、排气孔是否通畅，可用鼓风机注入空气，检查溜浆孔是否畅通。

（2）将竖向构件的上下连接处、水平连接处及竖向构件与楼面连接处清理干净，灌浆前24 h 表面充分浇水湿润，灌浆前 1 h 应吸干积水。

（3）采用对拉螺栓或七字卡将竖向构件的水平及垂直拼缝用木方进行支模，方木与墙体之间用 1 cm 厚度塑料泡沫封闭密实，不得漏浆。

（4）严格按照产品说明中要求配置灌浆料，先在搅拌桶内加入定量的水，然后将干料倒入搅拌桶内，用手持电动搅拌器充分搅拌均匀，搅拌时间从开始投料到搅拌结束应不少于3 min，搅拌时叶片不得提至浆料液面之上，以免带入空气。搅拌后的灌浆料应在 30 min 内使用完。

（5）浆锚节点灌浆采用高位漏斗灌浆法或机械压力注浆，确保灌浆料能充分填充密实。

（6）灌浆应连续、缓慢、均匀地进行，同一个仓位要连续灌浆，不得中途停顿，直至排气管排出的浆液稠度与灌浆口处相同，且没有气泡排出后，将灌浆孔封闭。灌浆施工应采用灌浆泵带压灌浆以确保每个灌浆套筒灌浆饱满度，如果漏浆必须补灌。当一点灌浆遇到问题需要改变关键点时，各灌浆套筒已封闭的灌浆孔、出浆孔应重新打开，待灌浆料再次流出后进行封堵。灌浆结束后应及时将灌浆口及构件表面的浆液清理干净，将灌浆口表面抹压平整。

（7）灌浆完成后 24 h 内禁止对墙体进行扰动。

（8）每工作班组应检查灌浆料拌合物初始流动度不少于 1 次（见图 6-18），每个工作班组取强度试块取样不得少于 1 次（见图 6-19），每楼层取样不得少于 3 次，并现场留存影像记录资料，同时要确保灌浆料 30 min 内使用完成。

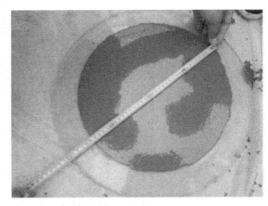

图 6-18　灌浆料流动度检测

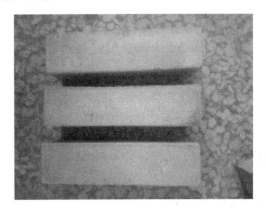

图 6-19　灌浆料强度试块

（9）灌浆施工过程应留存影像资料。

（五）现浇工程中模板工程质量控制要点

现浇工程中模板工程质量控制要点如下：

（1）模板与支撑应具有足够的承载力、刚度，稳固可靠，应符合深化和拆分设计要求，符合专项施工方案要求及相关技术标准规定。

（2）尽量使用刚度好，外观平整的铝合金模板、钢模板和塑料模板及支撑系统，使后浇结构同预制构件外观观感一致，平整度一致。

（3）模板与支撑安装应保证工程结构的构件各部分形状、尺寸和位置的准确，模板安装应牢固、严密、不漏浆，采取可靠措施防止模板变形，便于钢筋敷设和混凝土浇筑（见图 6-20）。

图 6-20　L 形柱模板

（4）装配式建筑中后浇混凝土结构模板的偏差应符合表 6-6 的规定。

表 6-6　模板安装允许误差及检验方法表

项　目		允许偏差/mm	检验方法
轴线位置		5	尺量检查
模板上表面标高		±5	水准仪或拉线、尺量检查
截面内部尺寸	柱、梁	+4，−5	尺量检查
	墙	+4，−3	尺量检查
层高垂直度	≤5 m	6	经纬仪或吊线、尺量检查
	>5 m	8	经纬仪或吊线、尺量检查
相邻两板表面高度差		2	尺量检查
表面平整度		5	用 2 m 靠尺和塞尺检查

注：检查轴线位置时，应沿纵横两个方向量测，并取其中偏差较大者。

（5）模板拆除时，宜按先拆非承重模板，后拆承重模板的顺序。水平结构应由跨中向两端拆除，竖向结构模板应自上而下拆除。

（6）叠合构件的后浇混凝土同条件立方体抗压强度达到设计要求时，方可拆除模板及下面的支撑系统；当设计无具体要求时，同条件养护的后浇混凝土立方体抗压强度应符合表 6-7 的规定。

表 6-7　模板与支撑拆除时的后浇混凝土强度要求

构件类型	构件跨度/m	达到设计混凝土强度等级值得百分率/%
板	≤2	≥50
	>2, ≤8	≥75
	>8	≥100
梁	≤8	≥75
	>8	≥100
悬臂构件		≥100

（7）预制柱或预制剪力墙钢斜支撑应在连接节点或连接接缝部位后浇混凝土或灌浆料强度达到设计要求后拆除；当设计无具体要求时，后浇混凝土或灌浆料应达到设计强度的 75%以上后拆除，且在上部构件吊装完成后拆除。

（六）后浇混凝土工程质量控制要点

后浇混凝土工程质量控制要点如下：

（1）浇筑混凝土前，应做隐蔽项目现场检查与验收。验收项目应包括下列内容：

① 钢筋的牌号、规格、数量、位置、间距等；

② 纵向受力钢筋的连接方式、接头位置、接头数量、接头面积百分率、搭接长度等；

③ 纵向受力钢筋的锚固方式及长度；

④ 箍筋、横向钢筋的牌号、规格、数量、位置、间距，箍筋弯钩的弯折角度及平直段长度；

⑤ 预埋件的规格、数量、位置；

⑥ 混凝土粗糙面的质量，键槽的规格、数量、位置；

⑦ 预留管线、线盒等的规格、数量、位置及固定措施。

（2）混凝土浇筑完毕后，应按施工技术方案的要求及时采取有效的养护措施，并应符合以下规定：

① 混凝土浇筑完毕后，应在 12 h 以内对混凝土加以覆盖并养护；

② 浇水次数应能保持混凝土处于湿润状态；

③ 采用塑料薄膜覆盖养护的混凝土，其敞露的全部表面应覆盖严密，并应保持塑料薄膜内有凝结水；

④ 叠合层及构件连接处后浇混凝土的养护应符合规范要求；

⑤ 混凝土强度达到 1.2 MPa 前，不得在其上踩踏或安装模板及支架。

（3）混凝土冬期施工应按现行规范《混凝土结构工程施工规范》（GB 50666）、《建筑工程冬期施工规程》（JGJ/T 104）的相关规定执行。

（4）叠合构件混凝土浇筑前，应清除叠合面上的杂物、浮浆及松散骨料，表面干燥时应洒水湿润，但洒水后不得留有积水。应检查并校正预留构件的外露钢筋。

（5）叠合构件混凝土浇筑时，应采取由中间向两边的方式。

（6）叠合构件混凝土浇筑时，不应移动预埋件的位置，且不得污染预埋件外露连接部位。

（7）叠合构件上一层混凝土剪力墙的吊装施工，应在与剪力墙整浇的叠合构件后浇层达到足够强度后进行。

（8）装配式混凝土结构中预制构件的连接处混凝土强度等级不应低于所连接的各预制构件混凝土设计强度中的较大值。

（9）用于预制构件连接处的混凝土或砂浆，宜采用无收缩混凝土或砂浆，并宜采取提高混凝土或砂浆早期强度的措施；在浇筑过程中应振捣密实，并应符合有关标准和施工作业要求（见图 6-21）。

图 6-21　叠合板混凝土浇筑

（七）构件接缝防水施工质量控制

预制构件接缝的主要控制措施如下：

（1）外墙板接缝防水工程应由专业人员进行施工。

（2）预制构件与后浇混凝土接合部，应对是否密实进行检验，对于接合不严、存在缝隙的部位应进行处理。

（3）预制构件拼缝处，应进行防水构造、防水材料的检查验收，必须符合设计要求。防水密封材料应具有合格证及进场复试报告。密封胶应采用建筑专用的密封胶，并应符合现行标准《硅酮和改性硅酮建筑密封胶》（GB/T 14683）、《聚氨酯建筑密封胶》（JC/T 482）、《聚硫建筑密封胶》（JC/T 483）等相关的规定。

（3）外墙应进行现场淋水试验，并形成淋水试验报告。

（4）密封防水施工前，接缝处应清理干净，保持干燥，事先应对嵌缝材料的性能质量进行检查。

（5）密封防水施工的嵌缝材料性能、质量、配合比应符合要求。

（6）硅酮密封胶的使用年限应满足设计要求，应与衬垫材料相容，应具有弹性。硅酮密封胶的注胶宽度、厚度应符合设计要求，注胶应均匀、顺直、密实，表面应光滑，不应有裂缝。

（7）预制构件连接缝施工完成后应进行外观质量检查，并应满足国家或地方相关建筑外墙防水工程技术规范的要求。

（八）地基梁钢筋定位控制重点

在地基梁平台钢筋绑扎完成以后，采取以下措施：

（1）检查平台模板标高。

（2）模板上放控制线。

（3）按控制线放置钢筋限位框（见图 6-22）。

图 6-22　钢筋限位装置

（4）按预制构件插筋图校正预留插筋。

（5）混凝土浇筑后和墙体安装前，需要再次按预制构件插筋图检查预留插筋。

（九）构件成品保护

依据预制构件成品保护要点，按照预制构件类别分类介绍预制构件成品保护的相关要求。

（1）装配式建筑结构施工完成后，竖向构件阳角、楼梯踏步口宜采用木条（板）包角保护（见图 6-23）。

（2）预制构件现场吊装及其他工序等施工过程中，宜对预制构件原有的门窗框、预埋件等产品进行保护（见图 6-24），装配整体式混凝土结构质量验收前不得拆除或损坏。

图 6-23　预制楼梯成品防护

图 6-24　门窗保护

（3）预制外墙板饰面砖、石材、涂刷等装饰材料表面可采用贴膜或用其他专业材料保护。

（4）预制楼梯饰面砖宜采用现场后贴施工，采用构件制作先贴法时应采用铺设木板或其他覆盖形式的成品保护措施。

（5）预制构件暴露在空气中的预埋铁件应涂抹防锈漆。

（6）预制构件的预埋螺栓孔应填塞海绵棒。

第三节　装配式建筑项目施工质量验收

一、施工质量验收划分与依据

装配式建筑项目施工验收与传统建筑项目施工验收的程序大致是一致的。装配式混凝土建筑施工应按现行国家标准《建筑工程施工质量验收统一标准》（GB 50300）的有关规定进行单位工程、分部工程、分项工程和检验批的划分和质量验收。装配式混凝土结构工程应按混凝土结构子分部工程进行验收，混凝土结构子分部中其他分项工程应符合现行国家标准《混凝土结构工程施工质量验收规范》（GB 50204）的有关规定。装配式混凝土结构连接节点及叠合构件浇筑混凝土前，应进行隐蔽工程验收。施工验收依据可参考下列标准的现行版本。

（一）预制装配式混凝土结构

《混凝土结构工程施工质量验收规范》（GB 50204）

《装配式混凝土建筑技术标准》（GB/T 51231）

《装配式建筑评价标准》（GB/T 51129）

《建筑工程施工质量验收统一标准》（GB 50300）

《装配式混凝土结构技术规程》（JGJ 1）

《钢筋套筒灌浆连接应用技术规程》（JGJ 355）

（二）预制隔墙、预制装饰一体化、预制构件一体化门窗

《建筑装饰装修质量验收标准》（GB 50210）

《外墙饰面砖工程及验收规程》（JGJ 126）

（三）预制保温一体化

《外墙外保温工程技术规程》（JGJ 144）

（四）预制构件中预埋的避雷带和电线、通讯穿线导管

《建筑防雷工程施工与质量验收规范》（GB 50601）

《建筑电气工程施工质量验收规程》（GB 50303）

（五）工程档案

《建设工程文件归档规范》（GB/T 50328）

《建筑电气工程施工质量验收规程》（GB 50303）

（六）地方装配式建筑标准

请依据当地情况查阅。

二、预制构件主要验收项

（1）专业企业生产的预制构件，进场时的质量证明文件。

（2）预制构件的混凝土外观质量不应有严重缺陷，且不应有影响结构性能和安装、使用功能的尺寸偏差。

（3）预制构件表面预贴饰面砖、石材等饰面与混凝土的黏结性能应符合设计和国家现行有关标准的规定。

（4）预制构件上的预埋件、预留插筋、预留孔洞、预埋管线等规格型号、数量应符合设计要求。

三、预制构件验收的一般项目

（1）预制构件外观质量不应有一般缺陷，对出现的一般缺陷应要求构件生产单位按技术处理方案进行处理，并重新检查验收。

（2）预制构件粗糙面的外观质量、键槽的外观质量和数量应符合设计要求。

（3）预制构件表面预粘贴饰面砖、石材等饰面及装饰混凝土饰面的外观质量应符合设计要求，若没有设计要求应符合国家或地方现行有关标准的规定。

（4）预制构件上的预埋件、预留插筋、预留孔洞、预埋管线等规格型号、数量应符合设计要求。

（5）预制板类、墙板类、梁柱类构件外形尺寸偏差应符合规定。

（6）装饰构件的装饰外观尺寸偏差和检验方法应符合设计要求。

（7）装配式结构分项工程的施工尺寸偏差及检验方法应符合设计要求。

（8）装配式混凝土建筑的饰面外观质量应符合设计要求并应符合现行国家标准《建筑装饰装修工程质量验收规范》（GB 50210）的有关规定。

四、预制构件安装与连接主要验收项

（1）预制构件临时固定措施应符合设计、专项施工方案要求及国家现行有关标准的规定。

（2）装配式结构采用后浇混凝土连接时，构件连接处后浇混凝土的强度应符合设计要求。

（3）钢筋采用套筒灌浆连接、浆锚搭接连接时，灌浆应饱满、密实，所有出口均应出浆。

（4）钢筋套筒灌浆连接及浆锚搭接连接用的灌浆料强度应符合国家现行有关标准的规定及设计要求。

（5）预制构件采用型钢焊接连接时，型钢焊缝的接头质量应满足设计要求，并应符合现行国家标准《钢结构焊接规范》（GB 50661）和《钢结构工程施工质量验收标准》（GB 50205）的有关规定。

（6）装配式结构分项工程的外观质量不应有严重缺陷，且不得有影响结构性能和使用功能的尺寸偏差。

（7）外墙板接缝的防水性能应符合设计要求。

五、实体检验规定

（1）梁板类简支受弯预制构件进场时应进行性能检验。

（2）钢筋混凝土构件和允许出现裂缝的预应力混凝土构件应进行承载力、挠度和裂缝宽度检验；不允许出现裂缝的预应力混凝土构件应进行承载力、挠度和抗裂检验。

（3）对大型构件及有可靠应用经验的构件，可只进行裂缝宽度、抗裂和挠度检验。

（4）对使用数量较少的构件，当能提供可靠依据时，可不进行结构性能检验。

（5）对多个工程共同使用的同类型预制构件，结构性能检验可共同委托，其结果对多个工程共同有效。

（6）对于不可单独使用的叠合板预制底板，可不进行结构性能检验；对叠合梁构件，是否进行结构性能检验、结构性能检验的方式应根据设计要求确定。

（7）其他预制构件，除设计有专门要求外，进场时可不做结构性能检验。

（8）不做结构性能检验的预制构件，应采取以下措施：

① 施工单位或监理单位代表应驻厂监督生产过程。

② 当无驻厂监督时，预制构件进场时应对其主要受力钢筋数量、规格、间距、保护层厚度及混凝土强度等进行实体检验。

（9）预制构件临时固定措施应符合设计、专项施工方案要求及国家现行有关标准的规定。

（10）装配式结构采用后浇混凝土连接时，构件连接处后浇混凝土的强度应符合设计要求。

（11）钢筋采用套筒灌浆连接、浆锚搭接连接时，灌浆应饱满、密实，所有出口均应出浆。

（12）钢筋套筒灌浆连接及浆锚搭接连接用的灌浆料强度应符合国家现行有关标准的规定及设计要求。

（13）预制构件底部接缝坐浆强度应满足设计要求。

（14）钢筋采用机械连接时，其接头质量应符合现行行业标准《钢筋机械连接技术规程》（JGJ 107）的有关规定。

（15）钢筋采用焊接连接时，其焊缝的接头质量应满足设计要求，并应符合现行行业标准《钢筋焊接及验收规程》（JGJ 18）的有关规定。

（16）预制构件采用型钢焊接连接时，型钢焊缝的接头质量应满足设计要求，并应符合现行国家标准《钢结构焊接规范》（GB 50661）和《钢结构工程施工质量验收标准》（GB 50205）的有关规定。

（17）预制构件采用螺栓连接时，螺栓的材质、规格、拧紧力矩应符合设计要求及现行国家标准《钢结构设计标准》（GB 50017）和《钢结构工程施工质量验收标准》（GB 50205）的有关规定。

六、验收资料与文件

混凝土结构子分部工程验收时，除应符合现行国家标准《混凝土结构工程施工质量验收规范》（GB 50204）的有关规定提供文件和记录外，尚应提供下列文件和记录：

（1）工程设计文件、预制构件安装施工图和加工制作详图。

（2）预制构件、主要材料及配件的质量证明文件、进场验收记录、抽样复验报告。

（3）预制构件安装施工记录。

（4）钢筋套筒灌浆型式检验报告、工艺检验报告和施工检验记录，浆锚搭接连接的施工检验记录。

（5）后浇混凝土部位的隐蔽工程检验验收文件。

（6）后浇混凝土、灌浆料、坐浆材料强度检测报告。

（7）外墙防水施工质量检验记录。

（8）装配式结构分项工程质量验收文件。

（9）装配式工程的重大质量问题的处理方案和验收记录。

（10）装配式工程的其他文件和记录。

第四节　装配式建筑质量通病及预防措施

一、装配式建筑典型的质量问题

与传统建造方式相比，装配式建筑最典型的质量问题主要有三大类：

（一）预制构件安装精度问题

预制构件安装的精度，直接决定了建筑结构的几何尺寸精确性。安装外围构件是对精度要求最高的，如果外围构件安装出现了偏差，会导致两大严重后果：一是同层外墙不平整；二是相邻楼层垂直度无法保证。这会导致外墙的观感产生难以修复的问题，如果累计误差太大，还会严重影响结构安全。内部的预制构件安装相对来说则要容易控制些，但也要严格控制在允许误差之内。为了控制安装精度误差，各建筑公司要制定严格的工法，并按工法操作，确保一次性精确就位。

（二）预制构件的竖向连接可靠性问题

竖向构件套筒连接方式遇到的最大问题就是安全可靠性问题。其实套筒灌浆这种连接方式，是很成熟的技术，我们国家的相关规范上也有相应的施工和验收标准。施工单位必须严格按照灌浆套筒的工艺，不打任何折扣地操作。保证套筒是检验合格的产品，保证灌浆材料是合格产品，且现场灌浆的饱满度达到规范要求。如果这些材料都是合格的，又是严格按照工艺操作的，那么质量一定是有保障的。

（三）接缝防水处理问题

预制构件在现场拼装，各构件的连接就产生了大量的接缝，那么就可能引发接缝漏水的问题。解决接缝渗漏水的问题，尤其是外墙接缝漏水问题，仅靠施工环节是不够的，应首先从结构设计解决。首先，可靠的防水必须寄托在结构上，不管是水平接缝，还是垂直接缝，一定要做好结构防水的设计。其次，进入总装阶段，水平接缝一定要做好坐浆处理，在重力作用下，完全有可能做到不渗漏；而垂直接缝，因为没有重力的挤压，且有温度应力产生的伸缩，必须慎重对待，至少要做好两道防水，即一层膨胀砂浆，一层防水耐候胶。当然，如果接缝之中加上橡胶止水条，则会更安全。如果这些工序认真、标准化操作，基本上可以保证竖向接缝不会产生渗漏。

二、装配式建筑质量通病类型

目前在预制混凝土构件生产中普遍存在三类质量通病，应当引起重视。

（1）结构质量通病。这类质量通病可能影响到结构安全，属于重要质量缺陷。

（2）尺寸偏差通病。这类质量问题不一定会造成结构缺陷，但可能影响建筑功能和施工效率。

（3）外观质量通病。这类质量通病对结构、建筑通常都没有很大影响，属于次要质量缺陷，但在外观要求较高的项目（如清水混凝土项目）中，这类问题就会成为主要问题。同时，由外观质量通病所隐含的构件内在质量问题也不容忽视。

三、装配式建筑质量通病原因分析及预防措施

装配式建筑质量控制涉及设计、生产和安装各个环节，这些环节之间关联性比较强，在质量控制的过程中不可割裂与传统的现浇建筑不同，装配式建筑项目的质量控制有四个主要控制阶段：一是整个项目设计以及构件深化设计的质量控制；二是构件在工厂预制生产过程的质量控制；三是构件运输、装卸、堆放等过程的质量控制；四是构件安装过程的质量控制。构件生产过程中的常见质量通病主要体现在构件混凝土质量、构件钢筋质量、构件预留预埋件质量、构件构造措施、模板质量等几个方面。下面重点介绍装配式建筑项目构件运输与存放、安构件装过程中的质量通病、原因及预防措施。

（一）构件运输和存放

在运输和存放环节容易引发的质量通病如下：

1. 构件吊环断裂

（1）原因分析。

①使用冷加工过的或含碳量较高的或锈蚀严重的一级钢筋做吊环。

②吊环的埋深不够，而且采取的措施不当，吊装时受力不均匀被拉断。

③吊环设计直径偏小，或外露过长，经反复弯曲受力引起应力集中，局部硬化脆断。

④冬季施工气温低受力后脆断。

（2）预防措施。

①用作吊环的钢筋，必须使用经力学试验合格的 I 级钢筋且严禁使用经过冷加工后的钢筋做吊环。

②吊环应按设计规范选取相应直径的 I 级钢筋，且埋设位置应正确，保证受力均匀，避免承受过大的荷载。

③冬季吊装应加保险绳套。

2. 构件撞伤、压伤、兜伤

（1）原因分析。

①细长构件起吊操作不当，发生碰撞冲击将构件损伤。

②构件在采用捆绑式或兜式吊装、卸车时，保护不力，致使构件的棱角损伤或撞伤。

③构件装车堆垛时，间隙未楔紧、绑牢，致使在运输过程中发生滑动、串动或碰撞。

④支承垫木使用软木，或使用的砖强度不够。

⑤构件堆放层数过多、过高，而且支承位置上下不齐，造成下层构件压伤、损坏。

（2）预防措施。

①构件装车、卸车、堆放过程中，针对不同的构件，要采取相应的保护措施。

②操作要认真、仔细，稳起稳落，避免碰撞，构件之间要相互靠紧，堆垛两侧要撑牢、楔紧或绑紧，尽量避免使用软木或不合格的砖做支垫。

③保证运输中不产生滑动、串动或碰撞。汽车司机在运输过程中应控制车速，尽量避免行驶过程中的紧急刹车行为。

3. 构件出现裂缝、断裂

（1）原因分析。

①构件堆放不平稳，或偏心过大而产生裂缝。

②场地不平、土质松软使构件受力不均匀而产生裂缝。

③悬臂梁按简支梁支垫而产生裂缝。

④构件装卸车，码放起吊时，吊点位置不当，使构件受力不均受扭；起吊屋架等侧向刚度差的构件，未采取临时加固措施，或采取措施不当；安放时，速度太快或突然刹车，使动量变成冲击荷载，常使构件产生纵向、横向或斜向裂缝。

⑤柱子运输堆放搁置，上柱呈悬臂状态，使上柱与牛腿交界处出现较大负弯矩，而该处为变截面，易产生应力集中，导致裂缝出现。

⑥构件运输、堆放时，叠合板支承垫木位置不当，支点位置不在一条直线上，悬挑过长，构件受到剧烈的颠簸，或急转弯产生的扭力，使构件产生裂缝。

⑦叠合板构件主筋位置上下不清，堆放时倒放或放反。

⑧构件搬运和码放时，混凝土强度不够。

（2）预防措施。

①混凝土预制构件堆放场地应平整、夯实，堆放应平稳，按接近安装支承状态设置垫块，垂直重叠堆放构件时，垫块应上下成一条直线，同时，梁、板、柱的支点方向、位置应标明，避免倒放、错放。

②运输时，构件之间应设垫木并互相楔紧、绑牢，防止晃动、碰撞、急转弯和急刹车。

③薄腹梁、柱、支架等大型构件吊装，应仔细计算确定吊点，对于侧面刚度差的构件要用拉杆或脚手架横向加固，并设牵引绳，防止在起吊过程中晃动、颠簸、碰撞，同时吊放要平稳，防止速度太快和急刹车。

④柱子堆放时，在上柱适当部位放置柔性支点；或在制作时，通过详细计算，在上柱变截面处增加钢筋，以抵抗负弯矩作用。

⑤一般构件搬运、码放时，其强度不得低于设计强度的75%。

（二）构件安装

在构件安装环节容易引发的质量通病如下：

1. 标高控制不严

（1）原因分析。

①楼面混凝土浇筑标高未控制。

②预制墙下垫块设置时标高不准。

（2）预防措施。

①混凝土浇筑前由放线员做好 50 cm 标记，混凝土浇筑时严格根据 50 cm 浇筑，确保混凝土完成面标高。

②预制墙下垫块顶面标高比楼面设计标高大 2 cm，设置垫块时需保证标高。

2．竖向钢筋移位

（1）原因分析。

①楼面混凝土浇筑前竖向钢筋未限位和固定。

②楼面混凝土浇筑、振捣使得竖向钢筋偏移。

（2）预防措施。

①根据构件编号用钢筋定位框进行限位，适当采用撑筋撑住钢筋框，以保证钢筋位置准确。

②混凝土浇筑完毕后，根据插筋平面布置图及现场构件边线或控制线，对预留插筋进行现场预留墙柱构件插筋进行中心位置复核，对中心位置偏差超过 10 mm 的插筋应根据图纸进行适当的校正。应采用 1∶6 冷弯校正，不得烘烤。对个别偏差稍大的，应对钢筋根部混凝土进行适当剔凿到有效高度后进行冷弯。

3．灌浆不密实

（1）原因分析。

①灌浆料配置不合理。

②波纹管干燥。

③灌浆管道不畅通，嵌缝不密实造成漏浆。

④操作人员粗心大意未灌满。

（2）预防措施。

①严格按照说明书的配合比及放料顺序进行配制，搅拌方法及搅拌时间也应根据说明书进行控制，确保搅拌均匀，搅拌器转动过程中不得将搅拌器提出，防止带入气泡。

②构件吊装前应仔细检查注浆管、拼缝是否通畅，灌浆前 30 min 可适当撒少量水对灌浆管进行湿润，但不得有积水。

③使用压力注浆机，一块构件中的灌浆孔应一次连续灌满，并在灌浆料终凝前将灌浆孔表面压实抹平。

④灌浆料搅拌完成后保证 40 min 内将料用完。

⑤加强操作人员培训与管理，提高造作人员施工质量意识。

4．未按序吊装

（1）原因分析

①未按照预制构件平面布置图吊装。

②吊装前预制构件不全。

（2）预防措施。

①吊装前现场技术人员对工人进行技术交底并提供构件平面布置图。

②对构件及编号的核对，同时确保编号本身无错误。

③吊装前确保现场所需预制构件齐全。

④吊装过程中，现场质检员随时检查。

5. 墙根水平缝灌浆漏浆

（1）原因分析。

①墙根水平缝未清理。

②嵌缝水泥砂浆配比不对。

③水泥砂浆嵌缝时将墙根水平缝堵塞。

（2）预防措施。

①嵌缝前，应清理干净构件根部垃圾或松散混凝土等。

②采用 1：3 水泥砂浆将上下墙板间水平拼缝、墙板与楼楼地面间缝隙及竖向墙板构件拼缝填塞密实，砂浆塞入深度不宜超过 20 mm。

6. 拼缝灌浆不密实导致渗水

（1）原因分析。

①灌浆料配置不合理。

②构件拼缝干燥。

③操作人员粗心大意未灌满。

（2）预防措施。

①严格按照说明书的配合比及放料顺序进行配制，搅拌方法及搅拌时间也应根据说明书进行，确保搅拌均匀，搅拌器转动过程中不得将搅拌器提出，防止带入气泡。

②构件吊装前应仔细检查注浆管、拼缝是否通畅，灌浆前 30 min 可适当撒少量水对构件拼缝进行湿润，但不得有积水。

③单独的拼缝应一次连续灌满，并在灌浆料终凝前将表面压实抹平。

④加强操作人员培训与管理，提高造作人员施工质量意识。

7. 外墙企口吊模质量差尺寸不精确

（1）原因分析。

①模板位置不精确。

②使用木模板吊模，模板变形。

③混凝土浇筑、振捣时模板移位。

（2）预防措施。

①现场放线员按图操作，确保定位线准确。

②使用铁制模板，杜绝变形。

③混凝土浇筑时，现场看护。

④加强操作人员培训与管理，提高造作人员施工质量意识。

8. 外墙混凝土企口破损、成品保护差

（1）原因分析。

①模板未涂刷隔离剂，或涂刷不匀

②企口处混凝土强度不到要求就拆模。

③拆模时用力过猛过急。

④拆模后混凝土企口未养护。

（2）预防措施。

① 吊模前，模板涂刷脱模剂要均匀。

② 混凝土强度达标后，再进行拆模。拆模时注意保护棱角，避免用力过猛过急。

③ 在拆模完毕后的 12 h 以内对混凝土企口进行浇水保湿养护。

9. 割梁钢筋

（1）原因分析。

① 工人按照一个方向顺次吊装，未考虑顺序问题。

② 未按照预制构件平面布置图吊装。

③ 吊装时，工人为省事割掉梁受力钢筋。

④ 现场质量检查不严。

（2）预防措施。

① 吊装前，现场技术人员根据图纸确定吊装顺序并对工人进行交底。

② 现场管理人员严格要求，禁止割掉梁受力钢筋。

10. 构件垂直度偏差大

（1）原因分析。

① 吊装时未进行校正。

② 斜支撑没有固定好。

③ 相邻构件吊装时碰撞到已校正好构件。

（2）预防措施。

① 构件就位后，通过线锤或水平尺对竖向构件垂直度进行校正，转动可调式斜支撑中间钢管进行微调，直至竖向构件确保垂直；用 2 m 长靠尺、塞尺、对竖向构件间平整度进行校正，确保墙体轴线、墙面平整度满足质量要求。

② 竖向构件就位后应安装斜支撑，每竖向构件用不少于 2 根斜支撑进行固定，斜支撑安装在竖向构件的同一侧面，斜支撑与楼面的水平夹角不应小于 60°。

③ 相邻构件吊装时，尽量避免碰撞到已校正好构件。如造成碰撞，需重新校正。

11. 地锚螺栓遗漏、偏位

（1）原因分析。

① 现场放线人员有遗漏。

② 现场电焊工焊接地锚螺栓有遗漏。

③ 预制构件密集处斜支撑冲突。

（2）预防措施。

① 现场施工过程中放线员、焊工注意避免遗漏。

② 预制构件设计时，提前考虑预制构件密集处斜支撑冲突问题。

③ 严禁后补膨胀螺栓替代，防止打穿预埋线管，严格按照转化设计布置图进行预埋。

12. 构件方向错误导致的预埋线盒位置错误

（1）原因分析。

① 未按照预制构件图纸吊装。

② 相对称的预制构件编号错误。

（2）预防措施。

① 吊装前，现场技术人员根据图纸确定吊装顺序并对工人进行交底。

② 确保加工厂预制构件编号正确。

13. 现浇节点混凝土施工质量问题

（1）原因分析。

① 模板表面粗糙并粘有干混凝土；浇灌混凝土前浇水湿润不够；模板缝没有堵严。

② 混凝土浇入后振捣质量差或漏振。

③ 混凝土在施工过程中拆模过早，早期受震动使得混凝土出现裂缝。

（2）预防措施。

① 浇灌混凝土前认真检查模板的牢固性及缝隙是否堵好；模板应清洗干净并用清水湿润，不留积水。

② 混凝土浇筑高度超过 2 m 时，需用串筒、溜管或振动溜管进行下料。混凝土入模后，必须掌握振捣时间，一般每点振捣时间约 20～30 s。合适的振捣时间可由下列现象来判断：混凝土不再显著下沉；不再出现气泡；混凝土表面出浆且呈水平状态；混凝土将模板边角部分填满充实。

③ 浇筑完的混凝土应及时养护，避免混凝土早期受到冲击。确保混凝土的配合比、坍落度等符合规定的要求，严格控制外加剂的使用。

14. 节点钢筋绑扎施工质量问题

（1）原因分析。
① 节点部位钢筋未修整。
② 节点部位有杂物。

（2）预防措施。

① 竖向构件节点拼接处外露钢筋表面除锈，将钢筋表面溅的水泥浆等清除干净；对连接钢筋疏整扶直；构件节点处与现浇混凝土接触的表面凿毛。

② 节点处构件底部杂物等清理干净。

15. 节点混凝土或灌浆料配合比控制问题

（1）原因分析。
① 不同节点部位要求的强度不一样。
② 现场配置时出现错误。

（2）预防措施。
① 根据图纸要求，控制相应节点部位的混凝土或灌浆料配合比。
② 现场质检员随时检查，加强操作人员培训与管理，提高操作人员施工质量意识。

16. 叠合层混凝土一次性压光质量问题

（1）原因分析。
① 混凝土浇筑时标高控制不当。
② 混凝土浇筑时振捣效果不好。

③ 现场工人压光技术不合格

（2）预防措施。

① 混凝土浇筑厚度依照高度控制线施工。

② 在振捣时，使混凝土表面呈水平，不再显著下沉、不再出现气泡，表面泛出灰浆为止。

③ 选择合格、熟练的工人施工。

17. 灌浆和吊装工序不正确对灌浆造成扰动问题

（1）原因分析。

① 灌浆在一个流水段吊装、校正完成后才能进行。

② 灌浆前，拼缝内有垃圾。

③ 灌浆前要洒水对拼缝内混凝土面进行湿润。

（2）预防措施。

① 吊装前，现场技术人员根据图纸确定吊装顺序并对工人进行交底。

② 构件吊装后，需将构件拼缝内垃圾或松散混凝土等清理干净再灌浆。

③ 不得一次拌制过多灌浆料，防止时间过长水分走失造成稠度过大，根据吊装进度拌制相应灌浆料。

18. 成品保护差

（1）原因分析。

① 灌浆完成后，沿孔壁淌出的灌浆料污染墙面。

② 预制构件阳角受损。

（2）预防措施。

① 灌浆完成后应及时将沿孔壁淌出的灌浆料清理干净，并在灌浆料终凝前将灌浆孔表面压实抹平。

② 楼层内搬运料具时应注意，不得磕碰构件，避免构件棱角破坏。

③ 对楼梯等应在楼梯踏步角部采用废旧多层板等做护角，放置棱角损坏。

④ 现场不得在构件上乱写乱画。

思考题

1. 装配式建筑项目质量控制有何特点？

2. 装配式建筑项目工序质量有哪些影响因素？

3. 预制构件生产过程中如何控制质量？

4. 预制构件的堆放场地和堆放有哪些要求？

5. 预制构件运输计划应包含注意内容？

6. 简述预制构件进场验收的内容。

7. 预制构件吊装前要做好哪些准备工作？

8. 预制构件压力灌浆控制点有哪些？

9. 简述装配式建筑验收与传统建筑的区别。

第七章 装配式建筑项目安全管理和绿色建造

装配式建筑项目在施工安全管理方面有着种种问题，例如构件运输、堆放不规范导致的管理难度加大，构件吊装风险较大，现场构件安装的临时支撑风险较大，预制外墙板防水难度大，构件拼装定位困难，施工安全风险较大，资源浪费严重，等等。因此，装配式建筑项目安全管理和绿色建造管理有着十分重要的意义。装配式建筑施工安全生产管理是一个系统性、综合性的管理，其管理的内容既涉及预制构件及部品生产企业内部及运输过程中的安全生产管理，也涉及施工现场安全生产管理的各个环节。

第一节 装配式建筑项目安全管理概述

安全生产管理指的是为使项目实施人员和相关人员规避伤害及影响健康的风险而进行的计划、组织、指挥、协调和控制等活动。安全生产是实现建设工程质量、进度与造价三大控制目标的重要保障。建筑工业化水平的提高和装配式建筑的大力推进，对施工安全生产管理提出新的要求。

一、安全管理体系

安全管理是通过制定和监督实施有关安全法令、规程、规范、标准和规章制度等，规范人们在生产活动中的行为准则，使有劳动保护工作有法可依，有章可循。同时，施工现场安全管理要将组织实施安全生产管理的组织机构、职责、做法、程序、过程和资源等要素有机构成的整体，使得在装配式建筑施工过程的各个环节、各个要素的安全管理都做到有章可循，安全管理处在一个可控的体系中。项目管理部应建立安全管理体系，配备专职和兼职安全人员。装配式建筑施工除了要遵循相应的建筑工程建设法规、标准要求外，工程参建各方还应针对装配式建筑的工程特点进一步建立健全施工现场安全管理体系和安全制度，建立健全项目安全生产责任制，组织制定项目现场安全生产规章制度、操作规程。装配式建筑施工安全管理体系包括五个部分。

（一）安全组织管理体系

施工安全的组织管理体系是负责施工安全工作的组织管理系统，一般包括最高权力机构，专职管理机构和专兼职安全管理人员。

（二）安全制度管理体系

制度管理体系由岗位管理、措施管理、投入和物资管理及日常管理组成。

（三）安全技术管理体系

施工安全技术管理体系由专项工程、专项技术、专项管理、专项治理等构成，并且由安全可靠性技术、安全防控技术、安全保（排）险技术和安全保护技术等四个安全技术环节来保证。

（四）安全投入管理体系

施工安全的投入管理体系是确保施工安全应有与其要求相适应的人力、物力和财力投入，并发挥其投入效果的管理体系。其中，人力投入可在施工安全组织管理体系中解决，而物力和财力的投入则需要解决相应的资金问题。其资金来源为工程费用中的机械装备费、措施费（如脚手架费、环境保护费、安全文明施工费、临时设施费等）、管理费和劳动保险支出等。

（五）施工安全信息管理体系

施工安全信息管理体系由信息工作条件、信息收集、信息处理和信息服务等四部分组成。

二、安全生产管理计划的制定与实施

为了实现项目安全管理的目标，项目经理应根据合同的有关要求和项目的实际情况，确定项目安全生产管理的范围和对象，制定项目安全生产管理计划，计划应涵盖人员要求、设备要求、工艺要求等各方面，同时必须体现装配式建筑施工对安全文明施工管理的特殊要求并提出相应的措施。安全生产管理计划制定以后，按规定审核、批准后实施，并且在实施过程中根据实际情况进行补充和调整。安全生产管理计划应满足事故预防的管理要求，并应符合下列规定：

（1）针对项目危险源和不利环境因素进行辨识与评估的结果，确定对策和控制方案。

（2）对危险性较大的分部分项工程编制专项施工方案。

（3）对分包人的项目安全生产管理、教育和培训提出要求。

（4）对项目安全生产交底、有关分包人制定的项目安全生产方案进行控制的措施。

（5）应急准备与救援预案。

装配式建筑施工除了要遵循已有的建筑工程规范标准外，工程参建各方还应针对装配式建筑的工程特点，建立健全针对施工各个过程的应急方案，特别是关键部位，危险程度较高的施工环节。应制定现场安全管理制度和突发意外应急方案。实施时，应根据项目安全生产管理计划和专项施工方案的要求，分级进行安全技术交底。对项目安全生产管理计划进行补充、调整时，仍应按原审批程序执行。

施工现场的安全生产管理应符合下列要求：

（1）应落实各项安全管理制度和操作规程，确定各级安全生产责任人；

（2）各级管理人员和施工人员应进行相应的安全教育，依法取得必要的岗位资格证书；

（3）各施工过程应配置齐全劳动防护设施和设备，确保施工场所安全；

（4）作业活动严禁使用国家及地方政府明令淘汰的技术、工艺、设备、设施和材料；

（5）作业场所应设置消防通道、消防水源，配备消防设施和灭火器材，并在现场入口处设置明显标志；

（6）作业现场场容、场貌、环境和生活设施应满足安全文明达标要求；

（7）食堂应取得卫生许可证，并应定期检查食品卫生，预防食物中毒；

（8）项目管理团队应确保各类人员的职业健康需求，防治可能产生的职业和心理疾病；

（9）应落实减轻劳动强度、改善作业条件的施工措施。

三、安全管理机构和岗位职责

（一）安全管理组织机构

施工企业应有安全组织机构，组织人员由企业负责人和生产、技术、安全、机械、材料等部门负责人组成。项目经理部是施工第一线的安全管理组织机构，必须依据工程特点，建立以项目经理为首的安全生产领导小组，小组成员由项目经理、项目副经理、项目技术负责人、专职安全员、施工员、机管员、材料员及各工种班组的领班组成。工程项目部应根据工程规模大小，配备专职安全员。

（二）岗位职责

安全生产责任制是最基本的安全管理制度，是所有安全生产管理制度的核心。安全生产责任应分解到施工企业单位的主要负责人、相关职能处室负责人、项目部负责人、专职安全员和施工员。

1. 施工单位主要负责人

施工单位应当建立健全安全生产责任制度和安全生产教育培训制度，制定安全生产规章制度和操作规程，保证本单位安全生产条件所需资金的投入，对所承担的建设工程进行定期和专项安全检查，并做好安全检查记录。施工单位主要负责人依法对本单位的安全生产工作全面负责。

2. 施工单位的项目负责人职责

施工单位的项目负责人，即项目经理，应当由取得相应执业资格的人员担任，对所负责的建设工程项目的安全施工负责，在建设工程项目落实安全生产责任制度，安全生产规章制度和操作规程，确保安全生产费用的有效使用，并根据工程的特点组织制定安全施工措施，消除安全事故隐患，如实报告安全生产事故。

3. 专职安全员职责

专职安全生产管理人员对所负责的工程项目的安全生产进行现场检查。发现安全事故隐患，应当及时向项目负责人和安全生产管理机构报告。发现违章指挥、违章操作的，应当立即制止。装配式建筑项目预制构件吊装及装配现场应设置专职安全员，专职安全员应经专项培训，熟悉装配式建筑项目施工工况。

4. 现场作业人员职责

（1）施工作业人员进入新的岗位或者新的施工现场前，应当接受安全生产教育培训，特别是预制构件吊装安装方面的安全操作知识。未经教育培训或者教育培训考核不合格的人员，不得上岗作业。当工程采用新技术、新工艺、新设备、新材料时，作业人员也应当进行相应的安全生产教育培训。起重工除持起重证外，还应经专业培训，熟悉工况，考试合格后上岗。

（2）现场作业人员进入施工现场应当遵守安全施工的强制性标准、规章制度和操作规程，正确使用安全防护用具、机械设备等。在施工作业前，应正确佩戴安全防护用具和安全防护服装，正确使用和妥善保管各种防护用品和消防器材，并应正确学习危险岗位的操作规程，熟知违章操作的危害。

（3）施工作业人员应集中精力搞好安全生产，平稳操作，严格遵守劳动纪律和工作流程，认真做好各种记录，严禁在岗位上睡觉、打闹和做其他违反纪律的事情，严禁作业人员酗酒后进入施工现场。

（4）批评、检举和控告，有权拒绝违章指挥和强令冒险作业。在施工中发生危及人身安全的紧急情况时，作业人员有权立即停止作业或者在采取必要的应急措施后撤离危险区域。

（5）施工作业人员应每年至少进行一次安全生产教育培训，其教育培训情况记入个人工作档案。安全生产教育培训考核不合格的人员，不得上岗。

四、安全生产责任制

安全生产责任制是安全管理的核心，尤其是装配式建筑项目的安全操作规程和安全知识的培训和再教育更有必要。

（一）制定各工种安全操作规程

工种安全操作规程可消除和控制劳动过程中的不安全行为，预防伤亡事故，确保作业人员的安全和健康，是企业安全管理的重要制度之一。安全操作规程的内容应根据国家和行业安全生产法律、法规、标准、规范，结合施工现场的实际情况来制定，同时根据现场使用的新工艺、新设备、新技术，制定出相应的安全操作规程，并监督其实施。

（二）制定施工现场安全管理规定

施工现场安全管理规定是施工现场安全管理制度的基础，目的是使施工现场安全防护设施标准化、定型化。施工现场安全管理的内容包括：施工现场一般安全管理、构件堆放场地安全管理、脚手架工程安全管理、支撑架及防护架安全使用管理、电梯井操作平台安全管理、马道搭设安全管理、水平安全网支搭拆除安全管理、孔洞临边防护安全管理、拆除工程安全管理、防护棚支搭安全管理等。

（三）制定机械设备安全管理制度

机械设备是指目前建筑施工普遍使用的垂直运输和加工机具，由于机械设备本身存在一定的危险性，如果管理不当可能造成机毁人亡，塔式起重机和汽车式起重机是混凝土装配式建筑施工中安全使用管理的重点。机械设备安全管理制度应规定：大型设备应到上级有关部门备案，遵守国家和行业有关规定，还应设专人负责定期进行安全检查、保养，保证机械设备处于良好的状态。

（四）制定施工现场临时用电安全管理制度

施工现场临时用电是目前建筑施工现场使用广泛，危险性比较大的项目，它牵扯到每个劳动者的安全，也是施工现场一项重点的安全管理项目。施工现场临时用电管理制度的内容应包括外电的防护、地下电缆的保护、设备的接地与接零保护、配电箱的设置及安全管理规定（总箱、分箱、开关箱）、现场照明、配电线路、电器装置、变配电装置、用电档案的管理等。

五、安全教育与培训

要建立教育培训制度，确定教育培训计划，针对不同的教育培训对象或不同的时段，确定培训内容，确定教育培训流程和考核制度。项目部应对作业人员进行安全生产教育和交底，保证作业人员具备必要的安全生产知识，熟悉有关的安全生产规章制度和安全操作规程，掌握本岗位的安全操作技能。做好装配式建筑安全针对性交底，完善安全教育机制，有交底、有落实、有监控。现场安全教育的方式也是多样化，但以被教育人听得懂、记得牢为目标。

六、生产设施设备管理

设备、设施是生产力的重要组成部分，要制定设备、设施使用、检查、保养、维护、维修、检修、改造、报废管理制度；制定安全设施、设施（包括检查、检测、防护、配备）、警示标识巡查、评价管理制度；制定设备、设施使用、操作安全手册。

用于装配式建筑项目施工的机械设备，施工机具及配件，必须具有生产（制造）许可证，产品合格证。并在现场使用前，进行查验和检测，合格后方可投入使用。机械设备、施工机具及配件必须由专人管理，定期进行检查、维修和保养，建立相应的资料档案。

七、作业安全与安全检查

作业安全管理是指控制和消除生产作业过程中的潜在风险，实现安全生产。装配式建筑施工过程中，包含高处作业，起重吊装作业，构件的装卸、运输及堆放，临边防护等，是施工过程隐患排查、监督的重点。

施工项目安全检查的目的是消除安全隐患、防止事故、改善防护条件及提高员工安全意识，是安全管理工作的一项主要内容。安全检查的类型见表7-1。

施工现场安全检查的重点是违章指挥和违章作业，做到主动测量，实施风险预防。安全检查的主要内容见表7-2。检查后应编写安全检查报告，报告应包括以下内容：已达标项目；未达标项目；存在问题；原因分析；纠正和预防措施。

建筑工程安全检查在正确使用安全检查表的基础上，可以采用"问""看""量""测""运转试验"等方法进行。

表 7-1　安全检查的类型

类　型	具体内容
定期安全检查	施工企业应建立定期分级安全检查制度，定期安全检查属全面性和考核性的检查，建筑工程施工现场应至少每旬开展一次安全检查工作，施工现场的定期安全检查应由项目经理亲自组织
经常性安全检查	装配式建筑在吊装、施工过程中，项目部相关人员应加强动态的过程安全管理，及时发现和纠正安全违章和安全隐患。督促、检查装配式建筑施工现场安全生产，保证安全生产投入的有效实施及时消除生产安全事故隐患。 施工现场经常性的安全检查方式主要有：现场专（兼）职安全生产管理人员及安全值班人员每天例行开展的安全巡视、巡查；现场项目经理、责任工程师及相关专业技术管理人员在检查生产工作的同时进行的安全检查；作业班组在班前、班中、班后进行的安全检查
季节性安全检查	季节性安全检查主要是针对气候特点（如：暑季、雨季、风季、冬季等）可能给安全生产造成的不利影响或带来的危害而组织的安全检查
节假日安全检查	在节假日、特别是重大或传统节假日前后和节日期间，为防止现场管理人员和作业人员思想麻痹、纪律松懈等进行的安全检查
开复工安全检查	针对工程项目开工、复工之前进行的安全检查，主要是检查现场是否具备保障安全生产的条件
专业性安全检查	由有关专业人员对现场某项专业安全问题或在施工生产过程中存在的比较系统性的安全问题进行的单项检查。这类检查专业性强，主要应由专业工程技术人员、专业安全管理人员参加
设备设施安全验收检查	针对现场塔吊等起重设备、外用施工电梯、龙门架及井架物料提升机、电气设备、脚手架、现浇混凝土模板支撑系统等设备设施在安装、搭设过程中或完成后进行的安全验收、检查

表 7-2　安全检查的主要内容

类　型	内　　容
意识检查	检查企业的领导和员工对安全施工工作的认识
过程检查	检查工程的安全生产管理过程是否有效，包括：安全生产责任制、安全技术措施计划、安全组织机构、安全保证措施、安全技术交底、安全教育、持证上岗、安全设施、安全标识、操作规程、违规行为、安全记录等
隐患检查	检查施工现场是否符合安全生产、文明施工的要求
整改检查	检查对过去提出问题的整改情况
事故检查	检查对安全事故的处理是否达到查明事故原因、明确责任，并对责任者做出处理，明确和落实整改措施等要求。同时还就检查对伤亡事故是否及时报告、认真调查、严肃处理

八、安全生产应急响应与事故处理

应急管理是围绕突发事件展开的预防、处置、恢复等活动，按照突发事件的发生、发展规律，完整的应急管理过程应包括预防、响应、处置与恢复重建四个阶段。项目经理部应识别可能的紧急情况和突发过程的风险因素，编制项目应急准备与响应预案，并对应急预案进行专项演练，对其有效性和可操作性实施评价并修改完善。应急准备与响应预案应包括下列内容：应急目标和部门职责；突发过程的风险因素及评估；应急响应程序和措施；应急准备与响应能力测试；需要准备的相关资源。

在事故应急响应的同时，应按规定上报上级和地方主管部门，及时成立事故调查组对事故进行分析，查清事故发生原因和责任，进行全员安全教育，采取必要措施防止事故再次发生。事故处理按照"四不放过"原则，其具体内容是：事故原因未查清，不放过；责任人员未受到处理，不放过；事故责任人和周围群众没有受到教育，不放过；事故制定的切实可行的整改措施未落实，不放过。企业应在事故调查分析完成后进行安全生产事故的责任追究。

九、安全生产管理评价与持续改进

通过评估与分析，发现安全管理过程中的责任履行、系统运行、检查监控、隐患整改、考评考核等方面存在的问题，提出纠正、预防的管理方案，并纳入下一周期的安全工作实施计划。

十、职业健康

为了保障职工身体健康，减少职业危害，控制各种职业危害因素、预防和控制职业病的发生。包括以改善劳动条件，防止职业危害和职业病发生为目的的一切措施。职业危害防护用品、设备、设施管理制度等。

第二节　装配式建筑项目施工安全管理

施工安全管理是装配式建筑项目管理中的重要组成部分，一旦由于疏于管理引出的疏漏，将对整个工程埋下安全隐患。

一、装配式建筑项目施工安全生产管理的依据和要求

装配式建筑项目施工安全生产管理，必须遵守国家、部门和地方的相关法律、法规和规章及相关规范、规程中有关安全生产的具体要求，对施工安全生产进行科学的管理，并推行绿色建造，预防生产安全事故的发生，保障施工人员的安全和健康，提高施工管理水平，实现安全生产管理工作的标准化。

二、装配式建筑项目安全危险源

装配式建筑，简要来说就是在工厂预制好混凝土构件，包括梁、板、柱、墙等，然后运输至现场进行吊装拼接，最终完成一栋建筑物的建造。装配式建筑（混凝土结构）施工主要危险源见表7-3。

表7-3　装配式建筑（混凝土结构）安全主要危险源

活　动	危险源	可能导致的事故	备　注
构件堆放	现场大型构件种类多，现场构件堆放不稳	坍塌、物体打击	现场管理控制
运输	水平运输、垂直运输构件多	机械伤害、交通安全	现场管理控制
吊装	构件结构多样，由于吊装稳定性和控制精度差发生碰撞	物体打击	现场管理控制
	预埋吊点不适用	物体打击	前期规划与设计；协调设置预埋件
临边防护	构件无预埋件，在不破坏结构情况下无法安装防护设施	高处坠落	前期规划与设计；协调设置预埋件
	为方便预制构件吊装、安装时，作业面临边防护常有缺失	高处坠落	现场管理控制
	高处无防护，材料、机具易坠落	物体打击	现场管理控制
高处作业	现场脚手架较少，高处作业时无安全带挂点	高处坠落	现场管理控制；前期规划与设计；协调设置预埋件

三、装配式建筑构件安全管理

预制构件安全管理重点确保构件堆放、装车、运输的稳定；构件不倾倒、不滑动；构件吊运、装车作业的安全；构件靠放架的牢固；堆放支点安全牢固。

（一）预制构件运输、堆放过程的安全措施

1. 预制构件出厂与运输全措施

预制水平构件宜采用平放运输；预制竖向构件宜采用专用支架竖直靠放运输，专用支架上预制构件应对称放置，构件与支架交接部位应设置柔性材料，防止运输过程中构件损伤。预制外墙板养护完毕即安置于运输靠放架上，每一个运输架上对称放置两块预制外墙板。运输薄壁构件，应设专用固定架，采用竖立或微倾放置方式。运输细长构件时应根据需要设置水平支架。为确保构件表面或装饰面不被损伤，放置时插筋向内、装饰面向外，与地面之间的倾斜角度宜大于80°，以防倾覆。为防止运输过程中，车辆颠簸对构件造成损伤，构件与刚

性支架应加设橡胶垫等柔性材料，且应采取防止构件移动、倾倒、变形等的固定措施。此外构件运输堆放时还应满足下列要求：

（1）构件运输时的支承点应与吊点在同一竖直线上，支承必须牢固。

（2）运载超高构件时应配电工跟车，随带工具保护途中架空线路，保证运输安全。

（3）运输 T 梁、工字梁、桁架梁等易倾覆的大型构件时，必须用斜撑牢固地支撑在梁腹上，确保构件运输过程中安全稳固。

（4）构件装车后应对其牢固程度进行检查，确保稳定牢固后，方可进行运输。运输距离较长时，途中应检查构件稳固状况，发现松动情况必须停车采取加固措施，确保构件牢固稳定后方可继续运载。

（5）搬运托架、车厢板和预制混凝土构件间应放入柔性材料，构件应用钢丝绳或夹具与托架绑扎，构件边角与锁链接触部位的混凝土应采用柔性垫衬材料保护。

（6）预制构件的运输线路应根据道路、桥梁的实际条件确定。场内运输宜设置循环线路；运输时应走计划中规定的道路，并在运输过程中安全驾驶，防止超速或急刹车现象。

（7）运输车辆应满足构件尺寸和载重要求，装卸构件时应考虑车体平衡，避免造成车体倾覆。

（8）重物吊运是要保持平衡，应尽可能避免振动和摇摆，作业人员应选择合适的上风位置及随物护送的路线，注意招呼逗留人员和车辆避让。

（9）重物运输时，应摆放均衡，防止偏载，堆码摆入时要捆绑牢固，必要时点焊固定，做好防倒塌、滑动的安全措施。

（10）施工部门须派专人监视重物运输的全过程，随时注意检查装载物的偏移情况，如发现装载物有异动，应立即通知驾驶员停车进行整理加固。

2. 施工现场构件堆场布置

预制构件堆场在施工现场占有较大的面积，预制构件较多，必须合理有序地对预制构件进行分类布置管理。施工现场构件堆放场地不平整、刚度不够、存放不规范都有可能使预制构件歪倒，造成人身伤亡事故，因此构件存放场地宜为混凝土硬化地面或经人工处理的自然地坪，应满足平整度和地基承载力的要求。堆场应设置围护（见图 7-1）。不同类型构件之间应留有不少于 0.7 m 的人行通道，预制构件装卸、吊装工作范围内不应有障碍物，并满足预制构件的吊装、运输、作业、周转等工作内容。

图 7-1　堆场的围护

3. 预制构件堆放

装配式建筑项目施工现场中存在大量的构件，因此必须对构件进行规划管理，后装的放下方、靠后。先装放上、靠前。各个构件的摆放区域要和施工计划相搭配，并且在预制装配式材料摆放时，不能直接和地面接触，要放在木头及一些材质较软的材料上。

（1）预制墙板。

预制墙板根据其受力特点和构件特点，宜采用专用支架对称插放或靠放存放（图 7-2），支架应有足够的刚度，并支垫稳固。预制墙板宜对称靠放、饰面朝外，且与地面倾斜角不宜小于 80°，构件与刚性搁置点之间应设置柔性垫片，防止构件歪倒砸伤作业人员。

图 7-2　墙体堆放

（2）预制板类构件。

预制板类构件可采用叠放方式平稳存放，其叠放高度应按构件强度、地面耐压力、垫木强度及垛堆的稳定性来确定，构件层与层之间应垫平、垫实，各层支垫应上下对齐，最下面一层支垫应通长设置，楼板、阳台板预制构件储存宜平放，采用专用存放架支撑，叠放储存不宜超过 6 层。

（3）梁、柱构件放置。

梁、柱等构件宜水平堆放，预埋吊装孔的表面朝上，且采用不少于两条垫木支撑，构件底层支垫高度不低于 100 mm，且应采取有效的防护措施，防止构件侧翻造成安全事故。

（二）预制构件吊装过程中的安全管理

吊装作业是装配式建筑施工总工作量最大、危险因素存在最长的工序。构件在进行吊装时，必须要根据施工现场的实际情况制定相应的安全管理措施。施工过程中应严格执行管控措施，以安全作为第一考虑因素，发生异常无法立即处理时，应立即停止吊装工作，待障碍排除后，方可继续执行工作。

1. 吊装人员资质审核

《特种作业人员安全技术培训考核管理规定》（国家安全生产监督管理总局 30 号令）第五条规定：特种作业人员必须经专门的安全技术培训并考核合格，取得《中华人民共和国特种作业操作证》后，方可上岗作业。汽吊司机、履带吊司机、塔吊司机、指挥及司索均属于特种作业人员，必须经专门的培训并考核合格，持《中华人民共和国特种作业操作证》方可上岗作业。操作塔吊的工作人员必须要有相应的证明，要对设备的有效期进行检验，工作人员在对塔吊设备进行操作时要严格按照规范，严禁出现无证上岗、不遵守规范操作等情况。

2. 吊装前的准备

根据现行的《建筑施工起重吊装工程安全技术规范》，施工单位应对从事预制构件吊装作业及相关人员进行安全培训与交底，明确预制构件吊装、就位各环节的作业风险，并制定防止危险情况发生的措施。安装作业开始前，应对安装作业区做出明显的标识，划定危险区域，拉警戒线将吊装作业区封闭，并派专人看管，加强安全警戒，严禁与安装作业无关的人员进入吊装危险区。应定期对预制构件吊装作业所用的安装工器具进行检查，发现有可能存在的使用风险，应立即停止使用。仔细检查吊点是否正常，若有异物充填吊点应立即清理干净。一些尺寸较大或形状较特殊的构件，在起吊时要用平衡吊具进行辅助。

3. 吊装过程中安全注意事项

吊运预制构件时，构件下方严禁站人，应待预制构件降落至地面 1 m 以内方准作业人员靠近，就位固定后方可脱钩。构件应采用垂直吊运，严禁采用斜拉、斜吊，杜绝与其他物体的碰撞或钢丝绳被拉断的事故。在吊装回转、俯仰吊臂、起落吊钩等动作前，应鸣声示意。一次宜进行一个动作，待前一动作结束后，再进行下一动作。吊起的构件不得长时间悬在空中，应采取措施将重物降落到安全位置。吊运过程应平稳，不应有大幅摆动，不应突然制动。回转未停稳前，不得做反向操作。采用抬吊时，应进行合理的负荷分配，构件质量不得超过两机额定起重量总和的 75%，单机载荷不得超过额定起重量的 80%。两机应协调起吊和就位，起吊的速度应平稳缓慢。双机抬吊是特殊的起重吊装作业，要慎重对待，关键是做到载荷的合理分配和双机动作的同步。因此，需要统一指挥。吊车吊装时应观测吊装安全距离、吊车支腿处地基变化情况及吊具的受力情况。在风速达到 12 m/s 及以上或遇到雨、雪、雾等恶劣天气时，应停止露天吊装作业。在下列情况下，不得进行吊装作业：

（1）工地现场昏暗，无法看清场地、被吊构件和指挥信号时；

（2）超载或被吊构件质量不清，吊索具不符合规定时；

（3）吊装施工人员饮酒后；

（4）捆绑、吊挂不牢或不平衡，可能引起滑动时；

（5）被吊构件上有人或浮置物时；

（6）结构或零部件有影响安全工作的缺陷或损伤时；

（7）遇有拉力不清的埋置物件时；

（8）被吊构件棱角处与捆绑绳间未加衬垫时。

4. 吊装后的安全措施

对吊装中未形成空间稳定体系的部分，应采取有效的临时固定措施。预制构件永久固定的连接，应经过严格检查，并确认构件稳定后，方可拆除临时固定措施。起重设备及其配合作业的相关机具设备在工作时，必须指定专人指挥。对混凝土构件进行移动、吊升、停止、安装时的全过程应用远程通信设备进行指挥，信号不明不得启动。重新作业前，应先试吊，并应确认各种安全装置灵敏可靠后进行作业。装配式建筑项目在绑扎柱、墙钢筋时，应采用专用高凳作业，当高于围挡时，作业人员应佩戴穿芯自锁保险带。

5. 预制构件的吊装安全控制

（1）柱的吊装。

柱的起吊方法应符合施工组织设计规定。柱就位后，必须将柱底落实，初步校正垂直后，较宽面的两侧用钢斜撑进行临时固定，对重型柱或细长柱以及多风或风大地区，在柱子上部应采取稳妥的临时固定措施，确认牢固可靠后，方可指挥脱钩。校正柱后，及时对连接部位注浆。混凝土强度达到设计强度75%时，方可拆除斜撑。

（2）梁的吊装。

梁的吊装应在柱永久固定安装后进行。吊车梁的吊装，应采用支撑撑牢或用8号铁丝将梁捆于稳定的构件上后，方可摘钩。应在梁吊装完，也可在屋面构件校正并最后固定后进行。校正完毕后，应立即焊接或机械连接固定。

（3）板的吊装。

吊装预制板时，宜从中间开始向两端进行，并应按先横墙后纵墙，先内墙后外墙，最后隔断墙的顺序逐间封闭吊装。预制板宜随吊随校正。就位后偏差过大时，应将预制板重新吊起就位。就位后应及时在预制板下方用独立钢支撑或钢管脚手架顶紧（见图7-3），及时绑扎上皮钢筋及各种配管，浇筑混凝土形成叠合板体系。

图7-3　水平构件支撑系统

外墙板在焊接固定后方可脱钩，内墙和隔墙板在临时固定可靠后脱钩。校正完后，应立即焊接预埋筋，待同一层墙板吊装和校正完后，应随即浇筑墙板之间立缝做最后固定。梁混凝土强度必须达到75%以上，方可吊装楼层板。

外墙板的运输和吊装不得用钢丝绳兜吊，并严禁用铁丝捆扎。挂板吊装就位后，应与主体结构（如柱、梁或墙等）临时或永久固定后方可脱钩。

（4）楼梯吊装。

楼梯安装前应支楼梯支撑，且保证牢固可靠，楼梯吊运时，应保证吊运路线内不得站人，楼梯就位时操作人员应在楼梯两侧，楼梯对接永久固定以后，方可拆除楼梯支撑。

（三）吊具安全控制

预制构件吊点应提前设计好，根据预留吊点选择相应的吊具（见图7-4～图7-6）。在起吊构件时，为了使构件稳定，不出现摇摆、倾斜、转动、翻倒等现象，就应该选择合适的吊具。无论采用几点吊装，都要始终使吊钩和吊具的连接点的垂线通过被吊构件的重心，它直接关系到吊装结果和操作安全。

吊具的选择必须保证被吊构件不变形、不损坏，起吊后不转动、不倾斜、不翻倒。吊具的选择应根据被吊构件的结构、形状、体积、质量、预留吊点及吊装的要求，结合现场作业条件，确定合适的吊具。吊具选择必须保证吊索受力均匀。各承载吊索间的夹角一般不应大于60°，其合力作用点必须保证与被吊构件的重心在同一条铅垂线上，保证在吊运过程中吊钩与被吊构件的重心在同一条铅垂线上。在说明书中提供吊装图的构件，应按吊装图进行吊装。在装配异形构件时，可采用辅助吊点配合简易吊具调节物体所需位置的吊装法。当构件无设计吊钩（点）时，应通过计算确定绑扎点的位置。绑扎的方法应保证可靠和摘钩简便安全。

图 7-4　叠合板专用滑轮组吊具

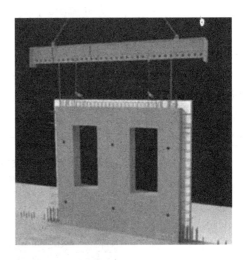
图 7-5　墙板专用吊具

图 7-6　楼梯专用吊具

四、外防护架安全管理

在目前预制装配率比较低的现状下，高层装配式建筑外立面的施工设施以悬挑式脚手架或爬升式外架为主（见图 7-7）。无论承包商采用哪种外架形式，均应将外架的拉结及悬挑脚手架用搁置槽钢的设置作为控制要点。重点审查专项施工方案里面是否有针对性地编制了这方面的措施及措施的可行性。如需要对预制构件进行调整，则要通过设计单位签发技术核定单或设计变更并补节点图，监理要按设计要求对构件的生产进行相应的控制。现场管理人员应在施工时检查外架的拉结点是否符合设计及方案的要求。

图 7-7　定型安全围护网架

随着装配式建筑的普及，将会不断出现一些新的防护架体（见图 7-8）。比如，某项目在进行装配式建筑结构楼层的施工过程中，采用两层外挂架进行周转，每栋楼作业层的下一层预制外墙安装一套外挂架，对作业层临边施工人员进行防护，作业层的预制外墙吊装时同步安装另一套外挂架，作为上一层施工的防护架。依次进行周转，直至工程主体结构施工完成，将外挂式防护架拆除。根据装配式建筑预制剪力墙的特点，对施工过程中可能产生的临边作业进行防护设计，非作业层的防护设计以楼梯、阳台的永临结合的栏杆防护为主，作业层设计了一套便于安拆、同时不破坏预制构件的简易临边防护体系（见图 7-9），不但保障施工安全，而且节约了成本。

图 7-8　新型防护架体

图 7-9　简易临边防护体系

五、垂直运输机械安全管理

施工现场必须配置足够的大型垂直运输机械（如塔吊），且塔吊的旋转半径及臂端的最大吊重必须满足吊装要求。考虑到大型垂直运输机械要和主体结构进行拉结来保证设备的稳定和安全，塔吊和人货电梯的扶墙要做重点监控。施工策划时重点检查审核承包商编制的施工组织设计和施工专项方案，要有可靠的、有针对性的措施，检查承包商的安全技术交底和大型机械的检测备案情况，将每一道的扶墙拉结节点作为检查重点。加节和拆除时，安全监理人员应做好旁站。在检查特种作业人员上岗证的同时还要检查是否按已审批的方案实施等。

（1）起吊预制构件时必须有专业吊装作业人员指挥、专业起重司机操作。指挥应配合使用声音信号和手势信号、旗语等，采用可视化视频系统监控吊装就位全过程。加强对起重作业"十不吊"原则的监督落实，发现违章进行处理。

（2）做好起重机械运行记录、设备检修记录，达到报废标准的必须更换。所使用的钢丝绳必须每日检查，发现达到报废标准立即更换。

（3）钢丝绳安全系数不得小于6。绳子头固结必须满足规范要求，加强日常检查。起重设备必须取得安全检验合格证。司机严格按设备安全操作规程操作，在吊重物旋转臂杆前，应先起臂，禁止边起臂边旋转。

（4）自行加工吊具。如工具式钢横担梁或框式梁应经受力计算，并符合安全使用标准要求；相关验证资料应备案。加强起重安全知识宣传和教育；加强现场监督检查。起重司机发现捆绑不合格应拒绝起吊。

六、高处作业安全注意事项

（1）根据现行行业标准《建筑施工高处作业安全技术规范》（JGJ 80）的规定，预制构件吊装前，吊装作业人员应穿防滑鞋、戴安全帽。预制构件吊装过程中，高空作业的各项安全检查不合格时，严禁高空作业。使用的工具和零配件等，应采取防滑落措施，严禁上下抛掷。构件起吊后，构件和起重臂下方，严禁站人。构件应匀速起吊，平稳后方可钩住，然后使用辅助性工具安装。

（2）安装过程中的攀登作业需要使用梯子时，梯脚底部应坚实，不得垫高使用。折梯使用时上部夹角以 35°～45°为宜，设有可靠的拉撑装置，梯子的制作质量和材质应符合规范要求，安装过程中的悬空作业处应设置防护栏杆或其他可靠的安全措施，悬空作业所使用的索具、吊具、料具等设备应为经过技术鉴定或验证、验收的合格产品。

（3）梁、板吊装前在梁、板上提前将安全立杆和安全维护绳安装到位，为吊装时工人佩戴安全带提供连接点。吊装预制构件时，下方严禁站人和行走。在预制构件的连接、焊接、灌缝、灌浆时，离地 2 m 以上根架、过梁、雨棚和小平台，应设操作平台，不得直接站在模板或支撑件上操作。安装梁和板时，应设置临时支撑架，临时支撑架调整时，需要两人同时进行，防止构件倾覆。

（4）安装楼梯时，作业人员应在构件一侧，并应佩挂安全带，并应遵守高挂低用。

（5）外围防护一般采用外挂架，架体高度要高于作业面，作业层脚手板要铺设严密。架体外侧应使用密目式安全网进行封闭，安全网的材质应符合规范要求，现场使用的安全网必须是符合国家标准的合格产品。

（6）在建工程的预留洞口，楼梯口、电梯井口应有防护措施，防护设施应铺设严密，符合规范要求，防护设施应达到定型化、工具化，电梯井内应每隔两层（不大于 10 m）设置一道安全平网。

（7）通道口防护应严密、牢固，防护棚两侧应设置防护措施，防护棚宽度应大于通道口宽度，长度应符合规范要求，建筑物高度超过 30 m 时，通道口防护顶棚应采用双层防护，防护棚的材质应符合规范要求。

（8）存放辅助性工具或者零配件需要搭设物料平台时，应有相应的设计计算，并按设计要求进行搭设，支撑系统必须与建筑结构进行可靠连接，材质应符合规范及设计要求，并应在平台上设置荷载限定标牌。

（9）预制梁、楼板及叠合受弯构件的安装需要搭设临时支撑时，所需钢管等需要悬挑式钢平台来存放，悬挑式钢平台应有相应的设计计算，并按设计要求进行搭设，搁置点与上部拉结点，必须位于建筑结构上，斜拉杆或钢丝绳应按要求两边各设置前后两道，钢平台两侧必须安装固定的防护栏杆，并应在平台上设置荷载限定标牌，钢平台台面、钢平台与建筑结构间铺板应严密、牢固。

（10）安装管道时必须有已完结构或操作平台作为立足点，严禁在安装中的管道上站立和行走。移动式操作平台的面积不应超过 10 m²，高度不应超过 5 m，移动式操作平台轮子与平台连接应牢固、可靠，立柱底端距地面高度不得大于 80 mm，操作平台应按规范要求进行组装，铺板应严密，操作平台四周应按规范要求设置防护栏杆，并设置登高扶梯，操作平台的材质应符合规范要求。

（11）安装门、窗，油漆及安装玻璃时，严禁操作人员站在橙子、阳台栏板上操作。门、窗临时固定，封填材料未达到强度，以及电焊时，严禁手拉门、窗进行攀登。在高处外墙安装门、窗，无外脚手架时，应张挂安全网。无安全网时，操作人员应系好安全带，其保险钩应挂在操作人员上方的可靠物件上。进行各项窗口作业时，操作人员的重心应位于室内，不得在窗台上站立，必要时应系好安全带进行操作。

第三节　装配式建筑项目绿色建造

一、绿色建造概述

绿色建造是指工程建设中，在保证质量、安全等基本要求的前提下，通过科学管理和先进技术，最大限度地节约资源并减少对环境负面影响的施工活动，实现"五节一环保"（即节能、节地、节水、节材、节时和环境保护）。绿色建造并不仅仅是指在工程施工中实施封闭施工，没有尘土飞扬，没有噪声扰民，在工地四周栽花、种草，实施定时洒水等这些内容，还包括绿色设计等其他大量内容，涉及可持续发展的各个方面，如生态与环境保护、资源与能源利用、社会与经济发展等。真正的绿色建造应当将"绿色方式"作为一个整体运用到施工中去，将整个施工过程作为一个微观系统进行科学的绿色施工组织设计。绿色施工所强调的

"五节"（即节能、节地、节水、节材、节时）并非只以项目"经济效益最大化"为基础，而是强调在环境和资源保护前提下的"五节"，是强调以"节能减排"为目标的五节。

绿色建造管理为实施绿色设计、绿色施工、节能减排、保护环境而进行的计划、组织、指挥、协调和控制等活动。

二、绿色建造的参与方

绿色建造管理需要建设单位、设计单位、构件加工单位、施工单位等各方参与，贯穿于开发策划、深化设计、构建生产、现场施工等各个环节。为了达到绿色建造的目标，项目参建各方应进行全方位、立体式的团队合作，明确分工，各尽其能、各尽其责，但必须明确的是，施工单位是具体落实绿色建造的责任主体。

（一）建设单位

建设单位应向施工单位提供建设工程绿色施工的相关资料，保证资料的真实性和完整性；在编制工程概算和招标文件时，建设单位应明确建设工程绿色施工的要求，并提供包括场地、环境、工期、资金等方面的保障；应会同建设工程参建各方接受工程建设主管部门对建设工程实施绿色施工的监督、检查工作；组织协调建设工程参建各方的绿色施工管理工作。

（二）设计（深化设计）单位

绿色建造是装配式建筑全寿命周期管理的一个重要部分。实施绿色建造，应进行总体方案优化。在规划、设计阶段，应充分考虑绿色施工的总体要求，为绿色施工提供基础条件。装配式建筑在设计（包括深化设计）阶段应充分考虑工程项目绿色施工的可实施性和建设单位对地方倡导的绿色施工相关新技术，为绿色施工提供技术支持和基础条件。

（三）构件生产单位

预制构件生产单位应负责对预制构件的图纸进行审核，注意节约、杜绝浪费。推广应用国家、行业和地方倡导的绿色施工相关新技术，鼓励使用再生材料及绿色环保材料。

（四）施工单位

施工单位负责组织绿色施工各项工作的全面实施：编制绿色施工组织设计、绿色施工方案或绿色施工专项方案；负责绿色施工的教育培训和技术交底；开展施工过程中绿色施工实施情况检查，对存在的问题进行整改；收集整理绿色施工的相关资料。

三、绿色建造实施

（一）项目立项阶段

在编制工程概算和招标文件时，建设单位应明确建设工程绿色建造的要求，并提供包括场地、环境、工期、资金等方面的保障。

（二）设计（深化）阶段

装配式建筑设计较常规建筑设计增加两个阶段：前期策划分析阶段与后期构件深化设计阶段。装配式建筑与现浇建筑相比其中一个特点就是"前置"，前期的设计是整个工程绿色节能环保能够实现的关键。设计前期就应考虑构件划分、制作、运输、安装的可行性和便利性，杜绝现场返工，提高效率。

给排水点位、强弱电点位、机电管线预埋、施工防护架等留置所需孔洞，这些都需要各个专业包括建筑、结构、机电、给排水等反复沟通、统一图纸，装配式住宅有一体化设计需求，各专业互为条件、互相制约，通过配合便于构建生产，最大限度实现最优方案，为现场绿色建造创造条件。

（三）构件生产阶段

1. 模具加工制作

为了减少模具投入量，提高周转效率，可将尺寸不一的预制构件划分为几个流水段，按照每一流水段模板的材料重复可利用原则，将预制构件按从大件至小件的顺序进行施工，拼装模具的通用部分可连续周转使用。另外高精度可组合模板体系的应用进一步降低了建造成本，提高了资源的利用效率。

2. 钢筋加工及混凝土浇筑

相比现场的钢筋平面连接通常采用绑扎或套筒机械连接，在加工厂生产钢筋基本采用焊接，精细化的生产可以减少钢筋废料、断料产生，并能大幅减少混凝土余料浪费。

（四）施工阶段

绿色建造应对整个施工过程实施动态管理，加强对施工组织策划、施工准备、材料采购、现场施工、工程验收等各阶段的管理和监督。

1. 节能与能源利用

（1）设备节电。

由于装配式建筑将大量使用起重吊装设备，因此在前期施工策划阶段即应合理布局各施工阶段塔吊，优化塔吊数量、型号、规格。优化塔吊施工方案，减少塔吊投入，同时应优选使用高效、低能耗用电设备，如变频塔吊、变频人货梯节约施工用电。装配式建筑大量混凝土浇筑在工厂完成，施工现场需要浇筑的混凝土量大大减少，相比传统施工工艺，可减少现场混凝土振捣棒及电焊机的使用数量和使用时间。

（2）照明节电。

通过监测利用率，安装节能灯具和设备、利用声光传感器控制照明灯具，采用节电型施工机械，合理安排施工时间等减少用电量，节约电能。

（3）节约工期降低能耗。

合理选择施工方法、施工机械，安排施工顺序，结合气候施工，减少因为气候原因而带来施工措施的增加，资源和能源用量的增加，有效地降低施工成本。通过穿插施工与高效的现场施工组织管理，可以降低劳动强度，减少建设周期，从而达到提高效率，缩短工期的目的。同时采用预制装配式技术，外墙免去抹灰，可以大幅提高施工速度，为穿插施工提供条件。

2. 节水与水资源利用

（1）施工养护及生活节水。

预制构件全部在工厂制造，用于冲洗模板、洗泵等水量能大幅度减少。同时预制构件在加工场内采用循环水养护，现场现浇混凝土量减少，且因为劳动力及施工机械减少，可节约大量施工及生活用水。

（2）雨水、养护水的回收重复利用。

楼层内预留孔用盖板封闭，施工及养护废水通过集水管收集，导出至楼底储水桶中；经过沉淀后，通过压力泵将水送至楼上工作面用于养护，多余水用于施工路面降尘。场地内及洗车池设置雨水收集和利用设施，将雨水收集到一起，经过简单的过滤处理，用来浇灌花坛，冲刷路面。

3. 节材与材料资源利用

（1）装配式建筑外墙采用预制构件，仅在连接节点处为现浇混凝土。预制墙体构件包含了预制混凝土主体结构墙结构层、外墙外保温层及饰面层。在连接节点的暗柱处，其外侧模板采用预制外墙板构件延伸过来的外保温层，符合绿色建造中所提倡的采用外墙保温板替代混凝土施工模板的技术。采用此项技术，可大大节约模板用量，达到节材的目的。

（2）装配式建筑的楼板采用叠合板形式，底座在工厂预制，上部叠合层在吊装完毕后现场浇筑。采用这样的工艺可省去顶板模板，且叠合板支撑体系可采用独立钢支撑配合铝合金或工字梁的体系。这种体系不用横向连接，且立杆间距较大。可以减少立杆的用量。

（3）新型外架体系。装配式建筑可应用无外架体系的概念，采用的是在外墙外侧支设一圈外挂架的形式。外挂三脚架利用高强螺栓与预制外墙连接，立面防护网及架体脚手板采用冲压钢板网片，轻便美观，仅准备 2 层材料，周转使用时，可大大减少钢管及扣件和安全网的使用量。

（4）减少材料的损耗。通过更仔细的采购，合理的现场保管，减少材料的搬运次数，减少包装，完善操作工艺，增加摊销材料的周转次数等降低材料在使用中的消耗，提高材料的使用效率。

（5）可回收资源的利用。可回收资源的利用是节约资源的主要手段，也是当前应加强的方向。主要体现在两个方面，一是使用可再生的或含有可再生成分的产品和材料；二是加大资源和材料的回收利用、循环利用，可降低企业运输或填埋垃圾的费用。

4. 节地措施

节地措施包括在满足施工、设计和经济方面要求的前提下，合理布置施工场地，尽量减少临时设施、加工场地和预制构件堆放场地，减少施工用管线，尽量减少清理和扰动的区域面积。临时设施的占地面积应按用地指标面积所需的最低面积设计，有效利用率大于 90%。装配式建筑主要占用场地的材料为预制构件、模板，周转材量很少，基本可置于楼内，周转逐层向上使用。由于现场钢筋、干粉砂浆等材料用量大幅降低，堆场所需场地空间缩小，对于难以在楼层内放置的大型构件，可以制作简易构件支架竖向放置，进一步缩小用地空间。

5. 环境保护

装配式建筑的预制构件在工厂集中生产，极大地减少了现场混凝土浇筑、钢筋绑扎等工序作业量。装修采用干法施工，现场砌筑、抹灰等工程量大幅降低，采用集中装修现场拼装方式，减少了二次装修产生的建筑垃圾污染。施工现场进行必要的绿化，经常洒水清扫，防止建筑垃圾堆积在建筑物内，贮存好可能造成污染的材料。合理安排施工时间，实施封闭式施工，采用现代化的隔离防护设备，采用低噪声、低振动的建筑机械，如使用无声振捣设备等是控制施工噪声的有效手段。建筑构件及配件可以全面使用环保材料，减少有害气体及污水排放，减少施工粉尘污染，缓解施工扰民的现象，有利于环境保护。合理处理和消除废物，如有废物回填或填埋，应分析其对场地生态、环境的影响，采取有效的环保措施。

四、资料收集

施工单位应建立企业管理层面的绿色建造资料管理制度，并指导项目部制定相应的制度。为使制度得到有效实施还应制定相应的责任制。总包单位是实施绿色建造的责任单位，总包单位施工项目部是具体落实绿色建造的责任主体，应负责记录、收集、整理绿色建造的各类管理资料（制度、规划、文件、台账、检查记录等）。分包单位应记录、收集各自分包施工部分的相应资料，并及时提交总包项目部。总包项目部负责绿色建造记录的统一组卷分类，装订成册。绿色建造管理资料的及时性、真实性和完整性是衡量资料管理质量的基本要求。所有资料上的数据必须要有可靠的依据，项目部定期组织相关人员就绿色施工专项方案的实施情况开展检查活动，并做好检查记录，对项目部检查和上级部门检查中提出和发现的问题，项目部应认真组织整改，并做好整改记录。

五、考核与评价

绿色施工是在项目施工全过程，确定"五节一环保"目标，制定技术措施并实施和管理的施工活动。施工项目的类别、特点是制定技术措施的主要依据。"五节一环保"目标的成效也应反映在项目施工过程中，因此绿色施工的考核评价必须以施工项目为对象并贯穿施工全过程。企业和项目部根据相应奖惩制度在实施绿色施工的过程中针对相关部门、相关分包单位及相关人员的优劣表现，开展奖惩活动，并做好奖惩记录。项目部根据相关制度对绿色施工的实施情况定期做出评价，并做出书面评价报告。评价报告应在总结和肯定成绩的同时，找出存在的差距和问题，提出整改措施。

施工单位是绿色建造活动的责任主体。施工单位对施工项目下达"四节一环保"目标，并对目标的落实实行检查、考核与评价，是企业开展绿色施工活动的主要手段。考核评价应落实责任、明确要求、形成制度。

项目部绿色施工考核不合格的施工项目必须按照考核标准整改，直至评价合格。考核评价实为绿色施工推进的手段，只有将发现的问题整改到位，才能实现绿色施工的实际推进。项目工程发生下列情况之一者，不得评为绿色施工工程：

（1）发生安全生产伤亡责任事故；

（2）发生质量事故，直接损失在 100 万元以上及以上，或造成严重社会影响的事件；

（3）媒体曝光造成严重社会影响。

第四节　装配式建筑项目标准化施工

一、标准化施工意义

许多建筑项目施工现场实行的是粗放式管理，机械、材料、人工等浪费严重，生产成本高，经济效益低，能源消耗和发展效率极不匹配，若施工现场的安全管理不规范、不标准，会导致模板支撑系统坍塌、起重机械设备事故等群死群伤的重大事故发生，这显然与时代要求发展不符，施工现场安全质量标准化是实现施工现场本质安全的重要途径，也是必要途径。

在施工过程中科学地组织安全生产，规范化、标准化管理现场，使施工现场按现代化施工的要求保持良好的施工环境和施工秩序，强化安全措施，展示企业形象，减少施工事故发生。装配式建筑项目有利于施工企业实行标准化施工，也必须要求实行标准化施工，实施规范化管理。

二、标准化施工的内容

施工现场实体安全防护的标准化主要包括四个方面，即：各类安全防护设施标准化：临时用电安全标准化：施工现场使用的各类机械设备及施工机具的标准化：各类办公生活设施的标准化。标准化施工示意图见图 7-10～图 7-25。

（一）个人防护用品

个人防护用品是为使劳动者在生产作业过程中免遭或减轻事故和职业危害因素的伤害而提供的，直接对人体起到保护作用。主要包括：安全帽类，呼吸护具类、眼防护具、听力护具、防护鞋、防护手套、防护服、防坠落器具等，进入施工现场必须按照规定佩戴个人防护用品。

图 7-10　洗车池

图 7-11　地磅

图 7-12　消防器材

图 7-13　消火栓

图 7-14　人车分流

图 7-15　工人夜校

图 7-16　宣讲台

图 7-17　地面硬化

图 7-18　塔吊喷淋

图 7-19　道路喷淋

图 7-20　太阳能路灯

图 7-21　节能灯

图 7-22　安全通道

图 7-23　临边防护

图 7-24　电梯井防护

图 7-25　钢筋加工区

（二）物料堆放标准

生产场所的工位器具、工件、材料摆放不当，不仅妨碍操作，而且引起设备损坏和工伤事故。为此，生产场所要划分毛坯区，成品、半成品区，工位器具区，废物垃圾区。原材料、半成品、成品应按操作顺序摆放整齐且稳固，尽量堆垛成正方形；生产场所的工位器具、工具、模具、夹具要放在指定的部位，安全稳妥，防止坠落和倒塌伤人；工件、物料摆放不得超高，堆垛的支撑稳妥，堆垛间距合理，便于吊装。流动物件应设垫块楔牢；各类标识清晰，警告齐全。

（三）完工保护标准

在施工阶段为避免已完工部分及设备受到污染等人为因素损伤，各项设施必须以塑料布、海绵、石膏板等材料加以保护。需保护的设施有，石材、门框、电梯、卫浴设施、玄关、电表箱、木地板、窗框等特殊建材。有关设施的保护应符合下列要求：

（1）门框、窗框：以海绵保护，防止污染及碰撞。

（2）窗框轨道：落地窗框轨道必须以 n 形铁板加以保护、防止损伤。

（3）玻璃：必须贴警示标贴，必要时贴膜保护，防止碰撞刮伤。

（4）地面等石材：石材地面或地板等以石膏板或者夹板加以保护，防止碰撞和污染。

（5）电梯：电梯门、框、内部、地板都应贴板材加以保护。

（6）卫浴设施：浴缸等安装完成后，防止后续施工损害，用夹板包裹海绵加以保护。马桶安装好后用胶带粘贴好，并粘贴警示标语。

（四）运输车洗车槽

工地洗车槽是建筑工地上用来清洗工程运输车的清洁除尘设备。工地洗车槽的清洁效果显著，能把工程运输车的车身、轮胎和车底盘等位置做到全方位的冲洗，确保工程运输车辆干净整洁。冲洗应满足以下要求：

（1）洗车槽四周应设置防溢装置，防止洗车废水溢出工地；

（2）设置废水沉淀处理池，进行泥沙沉淀。

（五）暴露钢筋防护

工地内暴露钢筋随处可见，极易造成人员跌倒时或坠落时被刺穿，应对工地内向上暴露的钢筋、钢材、尖锐构件等加装防护套或防护装置。

（六）临边防护网

建筑工程临边、洞口处较多，为防止人员坠落或物体飞落时能将其拦截。在必要位置需设置防护网。防护网可分为临时性和永久性。主要设置部位有建筑物临时性平台、塔吊开口、电梯井、管道间、屋顶等位置。

安全网材料、强度、检验应符合国家标准，落差超过 2 层及以上设置安全网，其下方有足够的净空以防止坠落物下沉撞击下面结构。安全网使用前应进行检查并进行耐冲击试验，确认其性能。

思考题

1. 简述安全管理管理体系的构成。

2. 安全检查的类型有哪些？

3. 简述装配式建筑项目安全危险源。

4. 预制构件堆放运输过程中应采取哪些安全措施？

5. 吊具安全如何控制？

6. 简述垂直运输机械安全管理？

7. 装配式建筑施工阶段如何实现绿色建造？

8. 简述标准化施工的内容。

第八章　装配式建筑项目资源管理

资源管理指的是对项目所需人力、材料、机具、设备和资金等所进行的计划、组织、指挥、协调和控制等活动。装配式建筑项目资源管理包括项目管理团队建设、劳动力组织管理、材料及预制构件管理、施工技术管理、机械设备管理、资金管理等，是装配式项目管理的主要内容之一。

第一节　装配式建筑项目人力资源管理

相对于传统的现浇结构的施工而言，装配式建筑预制构件吊装施工更需要配备专业的项目管理团队和专业的吊装技术工人，同时，加强对劳动力的计划、组织和培训工作。

一、项目施工管理人员基本技能与要求

1. 项目经理

装配式建筑施工的项目经理除了组织施工具备的基本管理能力外，应当熟悉装配式建筑施工工艺、质量标准和安全规程，有非常强的计划意识。

2. 计划与调度

这个岗位强调计划性，按照计划与预制工厂衔接，对现场作业进行调度。

3. 质量控制与检查

对预制构件进场进行检查，对前道工序质量和可安装性进行检查。

4. 吊装指挥

吊装作业的指挥人员，熟悉预制构件吊装工艺和质量要点等；有计划、组织、协调能力、安全意识、质量意识、责任心强；对各种现场情况，有应对能力。

5. 技术总工

对装配式建筑施工技术各个环节熟悉，负责施工技术方案及措施的制订设计、技术培调和现场技术问题处理等。

6. 质量总监

对预制构件出厂的标准、装配式建筑施工材料检验标准和施工质量标准熟悉，负责编制质量方案和操作规程，组织各个环节的质量检查等。

根据装配式建筑项目管理和施工技术特点，对管理人员进行专项培训，要建立完善的内

部教育和考核制度，逐步建立专业化的施工管理队伍，不断提高施工项目管理水平。

二、装配施工工人技能要求

装配式建筑施工除需配备传统现浇工程所配备的钢筋工、模板工、混凝土工等工种以外，还需增加一些专业性较强的工种，如起重工、安装工、灌浆料制备工、灌浆工等。与现浇建筑相比，装配式建筑施工现场作业工人减少，有些工种大幅度减少，如模具工、钢筋工、混凝土工等；还有些工种作业内容有所变化，如测量工、塔式起重机驾驶员等。装配式建筑项目施工前，企业需对上述所有工种进行装配式建筑施工技术、施工操作规程及流程、施工质量及安全等方面的专业教育和培训。对于特别关键和重要的工种，如起重工、信号工、安装工、塔式起重机操作员、测量工、灌浆料制备工以及灌浆工等，必须经过培训考核合格后，方可持证上岗。国家规定的特殊工种必须持证上岗作业。各个工种的基本技能与要求见表8-1。

表 8-1 技术工人的基本技能与要求

工 种	基 本 技 能	要 求
测量工	进行构件安装三维方向和角度的误差测量与控制	熟悉轴线控制与界面控制的测量定位方法，确保构件在允许误差内安装就位
塔式起重机驾驶员（塔司）	塔式起重机的吊装转运操作	预制构件重量较重，安装精度在几毫米以内，多个甚至几十个套筒或浆锚孔对准钢筋，要求装配式建筑工程的塔式起重机驾驶员比现浇混凝土工地的塔式起重机驾驶员有更精细准确吊装的能力与经验
信号工	信号工也称为吊装指令工，向塔式起重机驾驶员传递吊装信号。信号工应熟悉预制构件的安装流程和质量要求，全程指挥构件的起吊、降落、就位、脱钩等	该工种是预制构件安装保证质量、效率和安全的关键工种，技术水平、质量意识、安全意识和责任心都应当强
起重工	起重工负责吊具准备、起吊作业时挂钩、脱钩等作业	了解各种构件名称及安装部位，熟悉构件起吊的具体操作方法和规程、安全操作规程、吊索吊具的应用等，富有现场作业经验
安装工	安装工负责构件就位、调节标高支垫、安装节点固定等作业	熟悉不同构件安装节点的固定要求，特别是固定节点、活动节点固定的区别。熟悉图样和安装技术要求
临时支护工	负责构件安装后的支撑、施工临时设施安装等作业	熟悉图样及构件规格、型号和构件支护的技术要求
灌浆料制备工	灌浆料制备工负责灌浆料的搅拌制备	熟悉灌浆料的性能要求及搅拌设备的机械性能，严格执行灌浆料的配合比及操作规程，经过灌浆料厂家培训及考试后持证上岗，质量意识、责任心强

工　种	基本技能	要　求
灌浆工	灌浆工负责灌浆作业	熟悉灌浆料的性能要求及灌浆设备的机械性能，严格执行灌浆料操作流程及规程，经过灌浆料厂家培训及考试后持证上岗，质量意识、责任心强
修补工	对因运输和吊装过程中构件的磕碰进行修补	了解修补用料的配合比，应对各种磕碰等修补方案；也可委托给构件生产工厂进行修补

三、劳动力需求计划管理

施工现场项目部应根据装配式建筑工程的特点和施工进度计划要求，编制劳动力资源需求计划，经项目经理批准后执行。应对项目劳动力资源进行劳动力动态平衡与成本管理，实现装配式建筑工程劳动力资源的精干高效，对于使用作业班组或专项劳务队人员应制定有针对性的管理措施。

劳动力需求计划包含地基与基础阶段、主体结构阶段和装修阶段的劳动力需求计划。制定劳动力需求计划时应注意协调穿插施工时的劳动力。劳动力工种除传统现浇工艺所需工种外（包含钢筋工、木工、混凝土工、防水工等，根据工程装配式程度配置相应数量），尚需配备构件吊装工、灌浆工等技术工种。

四、劳动力组织管理

施工项目劳动力组织管理是项目部把参加项目生产活动的人员作为生产要素，对其进行的劳动计划、组织、控制、协调、教育、激励等工作的总称。其核心是按照施工项目的特点和目标要求，合理地组织、高效率地使用和管理劳动力，并按项目进度的需要不断调整劳动量、劳动力组织及劳动协作关系。不断提高劳动者素质，激发劳动者的积极性与创造性，提高劳动生产率，达到以最小的劳动消耗，全面完成工程合同，获取更大的经济效益和社会效益。

（一）作业班组或劳务队管理

（1）按照深化的设计图纸向作业班组或劳务队进行设计交底，按照专项施工方案向作业班组或劳务队进行施工总体安排交底，按照质量验收规范和专项操作规程向作业班组或劳务队进行施工工序和质量交底；按照国家和地方的安全制度规定、安全管理规范和安全检查标准向作业班组或劳务队进行安全施工交底。

（2）组织作业班组或劳务队施工人员科学合理的完成施工任务。

（3）在施工中随时检查每道工序的施工质量，发现不符合验收标准的工序应及时纠正。

（4）在施工中加强对于每一位操作人员之间的协调，加强对于每道工序之间的协调管理，随时消除工序衔接不良问题，避免人员窝工。

（5）随时检查施工人员是否按照规定安全生产，消灭影响安全的隐患。

（6）对专项施工所用的材料应加强管理，特别是坐浆料、灌浆料的使用应控制好。努力降低材料消耗，对于竖向独立钢支撑和斜向钢支撑应仔细使用，轻拿轻放，保证周转使用次数有足够长久。

（7）加强作业班组或劳务队经济核算，有条件的分项应实行分项工程一次包死，制定奖励与处罚相结合的经济政策。

（8）按时发放工人工资和必要的福利和劳保用品。

（二）构件管理人员组织管理

根据装配式建筑工程规模及施工特点，施工现场应设置专职构件管理员负责施工现场构件的收发、堆放、储运等工作。构件堆放专职人员应建立现场构件堆放台账，进行构件收、发、储、运等环节的管理。构件进场后应分类有序堆放，同类预制构件应采取编码进行管理，防止装配过程出现错装漏装问题。

为保障装配建筑施工工作的顺利开展，确保构件使用及安装的准确性，防止构件装配出现错装、漏装或难以区分构件等问题，不宜随意更换构件堆放专职人员。

（三）吊装工组织管理

装配式建筑工程施工中，由于构件体型重大，需要进行大量的吊装作业，吊装作业的效率将直接影响工程的施工进度，吊装作业的安全将直接影响到施工现场的安全文明施工管理。吊装作业班组一般由班组长、吊装工、测量放线工、信号工等组成，班组人员数量根据吊装作业量确定，通常1台塔吊配备1个吊装作业班组。

（四）灌浆工组织管理

装配式建筑项目施工中，灌浆作业的施工质量将直接影响工程的结构安全，要求班组人员配合默契，合理配置班组人员数量。比如，灌浆作业班组每组应不少于4人，1人负责注浆作业，1人负责灌浆溢流孔封堵工作，2人负责调浆工作。

五、人力资源技能培训

由于装配式建筑项目施工从业人员年轻，施工经验不足，甚至可能缺乏装配式建筑项目施工必备的知识和技能，需要开展有针对性的培训，提高技能，确保施工质量与安全。比如，钢筋套筒灌浆作业和外墙打胶作业是装配式结构的关键工序，是有别于常规建筑的新工艺。因此施工前，应对工人进行专门的灌浆作业和打胶作业技能培训，模拟现场灌浆施工作业和打胶作业流程，提高注浆工人和打胶工人的质量意识和业务技能，确保构件灌浆作业和打胶作业的施工质量。

装配式建筑项目施工前，应对现场管理人员、技术人员和技术工人进行全面系统的教育和培训，培训主要包含技术、质量、安全等以下方面内容：

（1）装配式建筑施工相关的各项施工方案的策划、编制和实施要求。如构件场地运输存放式起重机的选型和布置方案、构建保护措施方案、吊具设计制作及吊装方案、现浇混凝土伸出钢筋定位方案、构建临时支撑方案、灌浆作业技术方案、脚手架方案、后浇区模板设计施工方案、构件接缝施工、构件表面处理施工方案等。

（2）各种预制构件现场的质量检查和验收要求及操作流程。

（3）各种预制构件的吊运安装技术、质量、安全要求及操作流程，包含构件的起吊、安装、校正及临时固定。

（4）预制构件安装完毕后的质量检查验收要求和操作流程。

（5）预制构件安装连接和灌浆连接的技术、质量、安全要求及操作流程。

（6）预制构件安装连接和灌浆连接后的质量检查验收要求。

（7）其他安全操作培训，如安全设施使用方法及要求、临时用电安全要求、作业区警示标志要求、动火作业要求、起重机吊具吊索日检查要求、劳动防护用品使用要求等。

六、劳务承包管理

（一）劳务承包方式种类

装配式建筑劳务分包是指施工单位将其承包的工程劳务作业发包给劳务分包单位完成，装配式建筑劳务分包一般采取劳务直管方式：劳务直管方式是指将劳务人员或劳务骨干作为施工企业的固定员工参与建筑施工的管理模式，其明显特征是，由于现场劳务管理由企业施工员工完成，对劳务队伍管理较规范，具体采取下列三种。

1. 施工企业内部独立的劳务公司

劳务公司就是企业内部劳务作业层从企业内部管理分离出来成立的独立核算单位，劳务公司管理独立于本企业，经营上自负盈亏，并向本企业上缴一定管理费用，管理层由参与组建的各方确定，以本企业内部劳务市场需求为主，也可参与企业外部的劳务市场竞争，作业员工由企业内部原有的劳务人员组成，适当吸纳社会上有意参股的施工队伍共同筹资组建，劳务公司内部具体权益分配主要由各方投资份额决定。

2. 企业内部成建制的劳务队伍

该劳务队伍同企业成立相对固定的施工队伍，劳务人员与企业签订长期的合同，享受各种培训、保险等福利待遇。劳务队伍在企业内部根据工程需求在各个工地流动，也可将该劳务队伍外包到其他相关工程中，保证作业员工稳定收入，也可引入外部劳务队伍参与企业内部竞争。

3. 稳定技术骨干加临时工的形式

稳定技术骨干加临时工的形式就是以企业内部劳务作业层为主，招募社会零散劳务人员或小型施工队伍，与企业内部职工同等管理，现场管理由企业施工员担任，此类形式下企业固定员工少，社会零散劳务人员用时急招，不用时遣散，故劳务风险较小，骨干长期保留，便于控制和管理。

三种劳务分包形式分析上述三种形式各有特点，因此应坚持长期对劳务分包人员专业培训考核，确保劳务人员劳动积极性和技术水平，使用相对稳定，劳务成本可控。

（二）具体分项工程劳务分包管理

装配式建筑项目中现场吊装安装工序、钢套筒灌浆或金属波纹管灌浆工序可以采用以上三种劳务分包管理形式，其他传统施工工序如钢筋绑扎专业、模板支设专业、混凝土浇筑专业及轻质墙板安装专业也可以采用以上三种劳务分包管理形式，做到专业化操作，标准化管理，工程进度和质量均有保证。

七、装配式建筑人才需求现状

（一）项目管理人才缺乏

国务院办公厅发布的《关于大力发展装配式建筑的指导意见》（国办发〔2016〕71号）指出，发展装配式建筑的重要任务是"推广工程总承包"。这对于建筑企业而言，不仅需调整自身组织架构，建立新的管理方式，还要更多地与设计单位、构配件生产企业交流合作。传统工程项目管理人员缺乏工业化的管理思维，缺乏对装配式建筑设计、生产、施工全过程的系统认识。

（二）技术人才缺乏

随着近年来装配式建筑的推广，BIM对于装配式建筑的作用愈发重要，BIM技术可对设计、构建、施工、运营等进行全专业管理，并为装配式建筑信息化提供数据支撑。当前，精通BIM技术且了解装配式建筑的设计、施工工艺技术的人才是最为缺乏的。

此外，如3D打印、VR技术、物联网、建筑机器人等新兴技术对装配式建筑发展的作用也越来越重要，目前行业也普遍缺乏能将这些技术应用于工程中的人才。

（三）传统工种需求变化

随着装配式建筑的发展，行业中常见工种，如木工、泥工、水电工、钢筋工、架子工、抹灰工、腻子工、幕墙工、管道工、混凝土工等，由于墙体、楼梯、阳台等构件在工厂中已经完成制作，施工现场仅需定位、就位、安装及必要的现场灌浆固定等，故这些岗位的人才需求将大幅减少。

同时，由于装配式施工更多依赖起重机等大型机械设备进行施工，故起重机司机、装配工、焊工及一些高技能岗位的人才需求将会进一步提高。

八、职业道德与工匠精神

（一）职业道德

1. 职业道德的概念

职业道德的基本原则是用来指导和约束人们的职业行为的，需要通过具体、明确的规范来体现。职业劳动者必须具有职业道德，才能保持高昂的劳动热情，提高劳动生产率。

2. 职业道德的基本要求

（1）价值观正确。

树立正确价值观，坚持真理，公私分明，为人处事公平公正、光明磊落。

（2）仪表得体。

待人处事要文明礼貌，仪表着装要端庄大方，谈吐言语要规范，举止得体，待人热情。

（3）热爱本职，高尚光荣。

采用装配式施工的先进技术，为整个社会创造生产和生活环境。我们参加了装配式建筑行业这个队伍，应该感到无限的高尚与光荣。

（4）忠实履行岗位职责，认真做好本职工作。

忠实履行岗位职责是国家对每个从业人员的基本要求，也是职工对国家、对企业必须履行的义务。每个人选择职业时可以公平竞争，定岗后就要履行岗位职责。每个从业人员，都要明确自己工作岗位的要求，在工作中认真执行。只要在岗位上工作一天，就要认真履行岗位职责，即使与个人利益发生矛盾时，也应首先保证完成工作任务。

（5）遵纪守法。

遵纪守法指的是每个职业劳动着都要遵守劳动纪律和与职业活动相关的法律、法规。职业纪律是在特定的职业活动范围内从事某种职业的人们要共同遵守的行为准则。作为建筑业的从业人员，更应强调在日常施工生产中遵守劳动节纪律。

（6）安全生产。

安全生产就是在建筑施工的全过程中，每一个环节，每一个方面都要注意安全，把安全摆在头等重要的位置。认真贯彻"安全第一、预防为主"的方针，加强安全管理，做到安全生产。

（二）工匠精神

在我国建筑业已经进入新时代，正在大力推行转型升级，更需要大力弘扬和倡导工匠精神。大到国家行业层面，小到一个具体施工企业都要把坚持弘扬工匠精神作为己任，真正使工匠精神成为全员共识和时代主旋律，而且必须要坚守好这个主旋律。

建筑行业要提倡工匠精神，装配式建筑和以往现浇的传统方式不一样，传统大家看到的是普通工人，可能没经过培训就上岗了，但是装配式建筑，从它的安装精度和安装误差，以及各个安装过程，都要求工人具备相应的知识。例如有复杂的节点施工，就必须有持证上岗的人去操作。

1. 工匠精神概念

工匠精神概念是指工匠以极致的态度对自己的产品精雕细琢，精益求精、追求更完美的精神理念。

2. 工匠精神内涵

工匠精神的内涵包括敬业、精益求精、专注、创新，工匠精神要求人们保持认真、尽职的职业精神状态，追求每件作品、产品的质量品质，专注于细节，热衷于创新，实现自我价值的最高追求，这正与建筑行业的职业责任相契合，也是新时期对建筑业的新要求。

（1）精益求精：注重细节，追求完美和极致，不惜花费时间精力，反复改进。

（2）严谨：一丝不苟，遵守规矩。

（3）专注、敬业：耐心，坚持。在专业领域不断追求进步。专业，对工作执着。

3. 装配式建筑施工对工匠精神的需求

装配式建筑作为新兴的建筑生产方式，技术、观念、体制、管理与传统现浇结构相比均存在很大的不同，需要企业进行全面的技术创新和提高，否则无法保证项目质量和安全，最终将会打击人们对装配式建筑发展的信心，阻碍行业发展。因此，装配式建筑相关企业需要将"工匠精神"的理念融入技术、工法和管理创新中去，体现"精雕细琢"的传统匠人素质，才可走出装配式建筑目前的发展误区，促进行业提升。装配式建筑的设计、生产、装配都需要具备工匠精神。

装配式建筑的施工不同于传统现浇混凝土的工艺，相对于传统施工采用粗放式建造模式，装配式模式是将预制构件在施工现场进行组装，对于施工工艺、安装质量、安装精度的要求尤为苛刻，现场的质量控制更为严格。而目前由于产业发展迅猛，在普遍追求工程进度，忽视工程质量控制的现状下，因为施工人员操作不当，监管不到位等原因造成构件安装位置不准确、灌浆不够饱满、构件安装过程中损坏等问题时有发生，易引起建筑漏水、保温性能不足、结构安全隐患等问题。而在国外装配式建造技术较为成熟的国家，这些质量问题基本不会出现，以德国为例，德国企业在生产过程中尤为看重工程质量，工人对每个施工环节都精益求精，如果发现某个构件没有安装到位或不满足施工质量，整个项目都需要为此减慢速度，先处理完毕再继续进行施工。在当前我国装配式建筑体系还处于发展阶段，对于质量的要求更应高于工程进度，现场施工人员的技术水平和工作态度对于项目整体质量有着至关重要的因素，这需要施工人员和管理人员具有高度的责任意识和认真细致的工作态度，用"工匠精神"来对待每个构件的安装和节点施工，仔细查找工程质量缺陷。企业要以严格的现场管理来对质量进行把关，对一线工人和管理人员加大宣传工匠精神，调动员工积极性，激发责任感，促进员工追求精益求精的工匠精神，才能确保施工质量及工程安全，解决目前装配式建筑项目中出现的施工问题。

第二节　装配式建筑项目材料、预制构件组织管理

项目材料管理是对各种施工材料在项目建设的全过程中进行计划、供应、保管和合理使用的总称，主要包括编制材料计划、采购订货、组织运输、库存保管、合理供应、领发、回收等内容，可概括为供应、管理、使用等三个方面。

一、材料、预制构件管理内容和要求

施工材料、预制构件管理是为顺利完成项目施工任务，从施工准备到项目竣工交付为止，所进行的施工材料和构件计划、采购运输、库存保管、使用、回收等所有的相关管理工作。

（1）根据装配式建筑项目所需的构件数量及构件型号，施工单位提前通知构件厂家按照提供的构件生产和进场计划组织好运输车辆，有序地运送至施工现场。

（2）装配式建筑采用的灌浆料、套筒等材料的规格、品种、型号和质量必须满足设计和有关规范、标准的要求，坐浆料和灌浆料应提前进场取样送检，避免影响后续施工。

（3）预制构件生产厂家应提供构件的质量合格证明文件及试验报告，并配合施工单位按照设计图纸、规范、标准、文件的要求进行进场验收及材料复试工作，预制构件应进行结构性能检验，结构性能检验不合格的预制构件不得投入使用。构件上的预埋件、插筋和预留孔洞的规格、位置和数量应符合设计图纸及相关规范要求。

（4）建立管理台账，进行材料收、发、储、运等环节的技术管理，对预制构件进行分类有序堆放。不同部位、不同规格的预制构件应采取编码使用管理，防止装配过程中出现位置错装问题。预制构件应在明显部位标明生产单位、构件型号、生产日期和质量验收标志。

二、预制构件运输管理

预制构件如果在存储、运输、吊装等环节发生损坏将会很难补修，既耽误工期又造成经济损失。因此，大型预制构件的存储与运输非常重要。

（一）构件运输准备

1. 制定运输方案

根据运输构件实际情况需要，装卸车现场及运输道路的情况，施工单位要根据起重机械、运输车辆的条件等因素综合考虑，最终选定运输方法、选择起重机械（装卸构件用）和运输车辆。

2. 设计制作运输架

根据构件的重量和外形尺寸进行设计制作，且尽量考虑运输架的通用性。

3. 验算构件强度

对钢筋混凝土屋架和钢筋混凝土柱子等构件，根据运输方案所确定的条件，验算构件在最不利截面处的抗裂度，避免在运输中出现裂缝。如有出现裂缝的可能，应进行加固处理。

4. 清查构件

仔细清查构件的型号、质量和数量，有无加盖合格印和出厂合格证书等。

5. 勘察运输路线

施工单位或者预制构件厂应组织司机、安全员等相关人员对运输道路的情况进行查勘，保证构件安全及时送到装配现场，最好设置2条以上运输配送线路（见图8-1、图8-2）。线路勘察记录包括：路段全程、技术等级、桥梁（设计标准、结构、跨径、桥长、病害），隧道（限界、长度），立交（限高），收费站（通过能力），连续转弯（纵横坡道、坡长），村镇通过能力，临时便道情况推荐线路，备用线路，运输线路图示，困难桥梁路段照片。运输线路分析包括：等级、里程、坡度、平竖曲线半径、建筑限界、桥涵承载能力、收费站村镇通过性、空间障碍尺度、困难路段描述、照片图示。原则尽量回避大江大河、充分利用高等级公路、力求运距最短；选择平坦坚实的运输道路，必要时"先修路、再运送"。

6. 沟通联系交管部门

在构件运输之前，和交通管理部门保持沟通，询问交管部门的道路状况，获取通行线路、时间段的信息十分重要。当运输超高、超宽、超长构件时，必须向有关部门申报，经批准后，在指定路线上行驶。

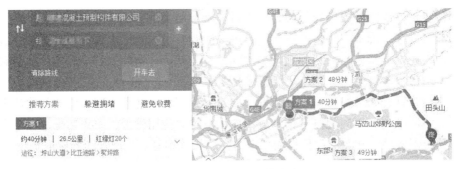

图 8-1　某项目构件运输线路一

图 8-2　某项目构件运输线路二

（二）构件运输

1. 运输车辆

构件运输车辆主要有甩挂运输车和普通平板车两种。目前，国内预制构件运输主要以重型半挂牵引车为主，见图 8-3。其整车尺寸为：长 12 ~ 17 m，宽 2.4 ~ 3 m，高不超过 4 m。牵引重量在 40 t 以内，经济和安全车速为 55 ~ 85 km/h。国外预制混凝土构件运输主要采用甩挂运输方式（见图 8-4），比如，德国朗根多夫（LanGendorf）预制构件运输车通过特殊的悬浮液压系统，安全的装载设计，单人操作，在几分钟内实现装卸，无需起重机，无需等待时间，对货物没有损伤，可以大幅提升构件运输效率。

图 8-3　重型半牵挂平板车

图 8-4　构件甩挂运输车

2. 构件装卸与运输

在对构件进行发货和吊装前，要事先和现场构件组装负责人确认发货计划书上是否有遗漏的构件，构件的到达时间，顺序和临时放置等内容。装车必须规范，防止道路颠簸倒伏。构件运输一般采用平放装车方式或竖立装车方式。梁构件通常采用平放装车方式，墙和楼面板构件在运输时，一般采用竖向装车方式（见图 8-5）。其他构件包括楼梯构件、阳台构件和各种半预制构件等，因为各种构件的形状和配筋各不相同，所以要分别考虑不同的装车方式。平放装车时，应采取措施防止构件中途散落。竖立装车时，应事先确认所经路径的高度限制，确认不会出现问题。另外，还应采取措施防止运输过程中构件倒塌，无论根据哪种装车方式，都需根据构件配筋决定台木的放置位置，防止构件运输过程中产生裂缝、破损，也要采取措施防止运输过程中构件散落，还需要考虑搬运到现场之后的施工便捷等。

牵引车上应悬挂安全标志，超高的部件应有专人照看，并配备适当保护器具，保证在有障碍物的情况下安全通过。一些大型异形预制构件，由于外形超大、超宽，应有紧固措施、高度标示、宽度标识。夜间行驶应在车身贴有反光标识。路上可能还会受到时限限制，要特别关注。

图 8-5　外墙板运输

（1）柱子运输方法。

长度在 6 m 左右的钢筋混凝土柱可用一般载重汽车运输，较长的柱则用拖车运输，见图 8-6。拖车运长柱时，柱的最低点至地面距离不宜小于 1 m，柱的前端至驾驶室距离不宜小于 0.5 m。

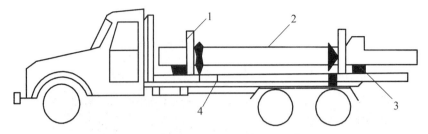

1—运架立柱；2—柱；3—垫木；4—运架。

（a）载重汽车上设置平架运短柱

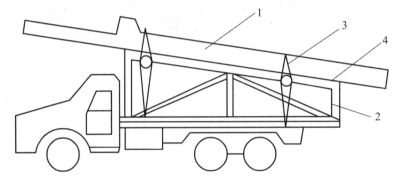

1—柱子；2—捆链；3—钢丝绳；4—垫木。

（b）用拖车两点支承运长柱

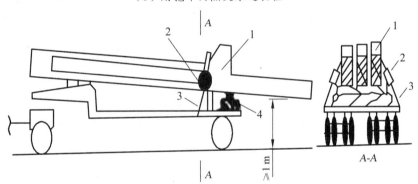

1—柱子；2—垫木；3—平衡梁；4—铰；5—支架（稳定柱子用）。

（c）拖车上设置"平衡梁"三点支承运长柱

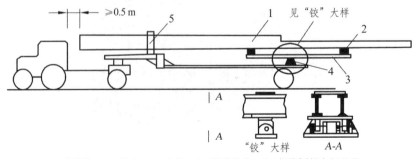

1—双肢柱；2—垫木；3—支架；4—辅助垫点；5—捆绑捆链和钢丝绳。

（d）拖车上设置辅助垫点（擎点）运长柱

图 8-6　柱子运输

柱在运输车上的支垫方法，一般用两点支承。如柱较长，采用两点支承柱的抗弯能力不足时，应用平衡梁三点支承，或增设一个辅助垫点。

（2）平层叠放运输方式

将预制构件平放在运输车上，一件往上叠放在一起进行运输。叠合板、阳台板、楼梯、装饰板等水平构件多采用平层叠放运输方式。具体叠放标准如下：

① 叠合楼板：标准 6 层/叠，不影响质量安全可到 8 层，堆码时按产品的尺寸大小堆叠。

② 预应力板：堆码 8~10 层/叠。

③ 叠合梁：2~3 层/叠。

（三）构件运输协议管理

施工方与运输方签订的构件运输协议应包括的主要内容：

（1）依据安全生产法律、法规，落实各自的安全职责；

（2）出厂运输的构件检测、合格出厂 按图编号、构件装车有方案；

（3）根据装配式建筑施工特点，结合预制混凝土件运输特性，编制专项运输方案，经论证审批实施；

（4）运输安全生产协议中明确预制构件运输、车辆设备等安全职责，协调督促各单位相互配合；

（5）制定意外、坏损责任认定范围。

三、构件的堆放管理

一般情况下，工地存放构件的场地较小，构件存放期间易被磕碰或污染。所以，应合理安排构件进场节奏，尽可能减少现场存放量和存放时间。构件存放场地宜邻近各个作业面，如南立面和北立面的构件分别在该立面设置场地存放。构件按结构分为梁、叠合板、楼梯，要求对其分别编号，构件编号应标注在构件显著位置上，并标明构件所属工程名称。

（一）预制构件场地存放的一般规定

（1）在塔式起重机有效作业范围内，但又不在高处作业下方，避免坠落物砸坏构件或造成污染。

（2）构件存放区域要设置隔离围挡，避免构件被工地车辆碰坏。

（3）存放场地平整、坚实，如果不是硬覆盖场地，场地应当夯实，表面铺上砂石。场地应有排水措施。

（4）构件在工地存放、支垫、靠架等与工厂堆放的要求一样。

（5）构件堆放位置应考虑吊装顺序。

（6）如果预制构件临时堆场安排在地下车库顶板上时，车库顶板应考虑堆放构件荷载对顶板的影响。

（二）预制构件堆放

预制构件进入施工现场以后，应堆放在专用的堆放场。施工场地应划出专用堆放场，用铁制围栏圈好堆放场（见图 8-7）。此种堆放场，一般设在靠近预制构件的生产线及起重机起重性能所能达到的范围内。依据装配施工中的构件吊装、堆场加固、构件安装等特点，与建设方合理确定安全生产文明施工措施费用。涉及堆场加固、构件吊点、塔吊及施工升降机附墙预埋件，脚手架拉结等，需设计单位核定。堆场、构件堆放架、操作平台、临时支撑体系必须由施工方、监理方组织验收。

图 8-7　构件围挡

1. 预制叠合板构件堆放

叠合板按形状和大小分类堆放，叠合板预制构件必须水平放置，下部设置木方于硬化场地上，叠合板内架立筋和吊钩朝上。叠合板与叠合板之间放置 100 mm×100 mm 木垫块（见图 8-8），位置应在同一垂直点，叠放高度不宜超过 1 m，确保预制构件不会因上部重量堆积过多造成挠曲变形。

2. 预制梁构件堆放

预制梁按形状大小堆放，必须水平放置，下部设置木方于硬化场地上，不可层叠。

3. 预制楼梯构件堆放

预制楼梯按形状大小堆放，楼梯可侧身竖直放置，不可层叠，下部设置木方于硬化场地上，吊钩朝上。

4. 预制墙板构件堆放

预制墙板按构件长短堆放，墙板下部垫两条 5 m 长，100 mm×100 mm 的木方，上口采用三角木楔子塞实确保墙板垂直堆放，见图 8-9。

图 8-8　叠合板堆放

图 8-9　墙板堆放

（三）垫方与垫块要求

预制构件常用的支垫为木方、木板和混凝土垫块。

（1）木方一般用于柱、梁构件，规格为 100 mm×100 mm ~ 300 mm×300 mm，根据构件重量选用。

（2）木板一般用于叠合楼板，板厚为 20 mm，板宽为 150 ~ 200 mm。

（3）混凝土垫块用于楼板、墙板等板式构件，边长为 100 mm 或 150 mm 立方体。

（4）隔垫软垫，或橡胶或硅胶或塑料材质，用在垫方与垫块上面，为 100 mm 或 150 mm 见方。与装饰面层接触的软垫应使用白色，以防止污染。

四、材料、预制构件进场检验

当所需预制构件及其他材料进场时，专业施工员会同材料负责人和技术负责人共同对其进行验收。验收包括材料品种、型号、质量、数量等，并办理验收手续，报监理工程师核验。

（1）预制构件进入现场后由项目部材料部门组织有关人员进行验收，进场材料质量验收前应全数检查出厂合格证及相关质量证明文件，确保产品符合设计及相关技术标准要求，同时检查预制构件明显部位是否标明生产单位、项目名称、构件型号、生产日期、安装方向及质量合格标志。

（2）为保证预制构件不存在有影响结构性能和安装、使用功能的尺寸偏差，在材料进场验收时应利用检测工具对预制构件尺寸项进行全数、逐一检查；同时在预制构件进场后对其受力构件进行受力检测。

（3）为保证工程质量，在预制构件进场验收时对其包括吊装预留吊环、预留栓接孔、灌浆套筒、电气预埋管、盒等外观质量进行全数检查，对检查出存在外观质量问题预制构件，可修复且不影响使用及结构安全的，按照专项技术处理方案进行处理，其余不得进场使用。

（4）为强化进厂检验，保证工程质量对所有预制构件，在卸车前或卸车中对构件进行逐项检查，逐项验收，项目部组织人员由不同部门（现场工长、水电工长、材料负责人、质检员）进行签证验收，发现不合格品一概不得使用，并进行退场处理。

五、材料、预制构件成品保护管理

（1）预制构件在运输、堆放、安装施工过程中及装配后应做好成品保护，成品保护应采取包、裹、盖、遮等有效措施。预制构件堆放处的 2 m 内不应进行电焊、气焊作业。

（2）构件运输过程中一定要匀速行驶，严禁超速、猛拐和急刹车。车上应设有专用架，且需有可靠的稳定构件措施，用钢丝带加紧固器绑牢，以防运输受损。

（3）所有构件出厂应覆一层塑料薄膜，到现场及吊装时不得撕掉。

（4）预制构件吊装时，起吊、回转、就位与调整等各阶段应有可靠的操作与防护措施，以防预制构件发生碰撞扭转与变形。预制楼梯起吊、运输、码放和翻身必须注意平衡，轻起轻放，防止碰撞，保护好楼梯阴阳角。

（5）预制楼梯安装完毕后，利用废旧模板制作护角，对楼梯阳角进行保护，避免装修阶段损坏。

（6）预制阳台板、防火板、装饰板安装完毕时，阳角部位利用废旧模板制作护角。

（7）预制外墙板安装完毕，与现浇部位连接处做好模板接缝处的封堵，采用海绵条进行封堵。避免浇灌混凝土时水泥砂浆从模板的接缝处漏出对外墙饰面造成污染。

（8）预制外墙板安装完毕后，墙板内预置的门、窗框应用槽型木框保护。

六、材料、预制构件使用过程管理

在施工过程中，专业施工员和材料员对作业班组和劳务队工人使用材料记性动态监督，指导施工操作人员正确使用材料，发现浪费现象及时纠正。

七、材料、预制构件 ABC 分类管理

ABC 分类法是一种常用的材料分类管理法，将库存材料按一定标准分为 A、B、C 三类，对重要材料进行重点管理的方法，其分类方法如下。

A 类物料占物料种类的 10%左右，金额占总金额 65%左右。对于 A 类物料应重点管理，严格控制库存，并定期盘点，严加记录，加强进货、发货、运货管理。对于装配式建筑而言，预制构件属于 A 类，一般都是按照实际规格尺寸、实际用量采购，无多余储备量，必须严格进行采购和控制。

B 类物料占物料种类的 25%左右，金额占总金额 25%左右。B 类物料主要为专用零部件和少数通用零部件，因此可以按常规方式管理。

C 类物料占物料种类的 65%左右，金额占总金额 10%左右。C 类物料应实行宽松管理，大量采购、库存，简单计算、控制。

统计预制构件、部品及其他工程消耗的材料在一定时期内的品种项数和各品种相应的金额，登入分析卡；将分析卡排列的顺序编成按金额大小的消耗金额序列表，按金额大小分档次；根据序列表中的材料，计算各种与金额所占总品种与总金额的百分比。

划分 ABC 类别，以每个品种的金额大小为主，进行 ABC 的分类。把主要精力放在 A 类材料，兼顾 B 类材料，不忘 C 类材料。重点和一般也是相对的，由于装配式建筑结构、施工阶段、预制装配率不同，材料管理中 ABC 分类也会发生相应变化。装配整体式混凝土专项工程 ABC 参考分类见表 8-2。

表 8-2　装配式建筑预制构件材料 ABC 分类表

项目	A	B	C
外墙夹心墙板系统	外墙夹心墙板	钢套筒、金属螺纹管、冷挤压套筒、坐浆料、灌浆料、钢斜撑、钢独立支撑	水泥砂浆、聚合物砂浆、垫板、线管、线盒
内墙板系统	内墙板	坐浆料、钢斜撑、钢独立支撑	水泥砂浆、聚合物砂浆、垫板、线管、线盒
外墙挂板系统	外墙挂板	钢斜撑、钢独立支撑、预埋件、连接螺栓	水泥砂浆、聚合物砂浆、线管、线盒

项目	A	B	C
预制混凝土柱系统	预制混凝土柱	钢套筒、金属螺纹管、冷挤压套筒、坐浆料、灌浆料、钢斜撑	水泥砂浆、聚合物砂浆、吊装埋件、垫板、线管、线盒
预制混凝土梁系统	预制混凝土梁	钢套筒、金属螺纹管、冷挤压套筒、灌浆料、钢斜撑、连接套筒	焊条
现浇混凝土系统	混凝土、钢筋、模板、钢管、扣件、方木	对拉螺栓、方钢管	塑料密封条、绑扎铁丝
轻质隔墙系统	砂浆砌条板、石膏条板	金属连接件	密封膏、网格布、专用黏接剂、连接件

第三节 装配式建筑项目施工技术管理

一、深化设计

深化设计是为了便于施工，满足预制构件在生产、吊运、安装等方面需求所做的一项辅助设计工作。深化设计的目的是实现设计者的最终意图，让设计方案具有更好的可实施性。

深化设计针对预制外墙板、预制内墙板、预制叠合板、预制空调板、预制阳台板、预制楼梯、预制楼梯隔墙板、预制装饰挂板、PCF 板、预制分户板、预制女儿墙等预制构件，从施工图纸、预埋预留、配件工具、水电配合及施工措施角度出发，对构件进行深化设计。

（一）施工图纸深化设计

施工单位应联系设计单位、构件生产单位对预制构件进行深化设计，深化设计方案应经原设计单位审核确认。深化设计的主要内容应包括：预制构件中的水电预留、预埋设计，预制构件中水电设备的综合布线设计，预制构件的连接节点构造，预制构件的吊装工具或配件的设计和验算，预制构件与现浇节点模板连接的构造设计，预制构件的支撑体系受力验算，大型机械及工具式脚手架与结构的连接固定点的设计及受力验算，构件各种工况的安装施工验算。

（二）预留预埋深化设计

预留预埋深化设计包含吊环预埋深化设计、烟风道孔洞预留深化设计、脚手架及塔吊连接件预留孔洞深化设计、墙顶圈边预留洞深化设计、模板对拉螺栓连接预留孔洞深化设计、斜支撑预埋螺栓深化设计、外窗木砖深化设计等。

（三）装配工具深化设计

装配式建筑项目施工中，构件的吊具、连接件、固定件及辅助工具众多，合理设计与优化配件工具，可大大提升装配式建筑项目施工的质量及速度。装配工具深化设计包括：竖向构件支撑、水平构件支撑、定位钢板、吊装梁、钢丝绳吊索及附件、预制墙体存放架和预制墙体运输架等。

（四）专业配合深化设计

叠合板专业配合深化设计，在叠合板内需要有多种电盒及水电专业所需预留孔洞，电盒型号及预留洞位置的准确尤为重要，要结合精装施工图对叠合板进行深化；预制墙体专业配合深化设计，预制外墙和内墙的水电专业预埋预留项目较多，例如电盒、新风洞口、水槽、管线槽等，包含水暖、电气、通风、设备等多个专业，在深化设计过程中需要多个专业的参建各方共同讨论确定方案，避免相互冲突。

（五）施工措施深化设计

施工措施深化设计包括叠合板防漏浆深化、墙边防漏浆企口深化和临时固定钢梁深化等。

二、施工组织设计及专项方案

施工单位应根据装配式工程特点及要求，单独编制单位工程施工组织设计，施工组织设计中应制定各专项施工方案编制计划，由施工单位技术负责人审批。项目经理组织管理人员、操作人员进行交底。除常规要求的专项方案外，还应单独编制吊装工程专项方案、灌浆工程专项方案、预制构件存放架专项方案等有针对性的专项施工方案。施工方案中应包含针对施工重点难点的解决方案及管理措施，明确技术。预制构件安装施工前，应按设计要求和专项施工方案对各种情况进行必要的安装施工验算。预制构件的损伤部位修补应专项方案并经原设计单位认可后执行。

三、图纸会审

建筑设计图纸是施工企业进行施工活动的主要依据，图纸会审是技术管理的一个重要方面，熟悉图纸、掌握图纸内容、明确工程特点和各项技术要求、理解设计意图，是确保工程质量和工程顺利进行的重要前提。图纸会审时由设计、施工、监理单位以及有关部门参加的图纸审查会，其目的有两个：一是使施工单位和各参建单位熟悉设计图纸，了解工程特点和设计意图，找出需要解决的技术难题，并制定解决方案；二是解决图纸中存在差、错、漏、碰问题，减少图纸的差错，使设计达到经济合理、符合实际，以利于施工顺序进行。

（一）图纸会审步骤

1. 专业初审

专业初审就是由施工总包单位土建技术负责人、造价人员和施工员按照现行设计和施工质量验收规范、标准、规程，还需参照各地市编制的相应专业技术导则、国家或地方编制的标准图集，对施工图低有关预制构件或部品进行初步审查，将发现的图面错误和疑问整理出书面汇总。

2. 施工企业内部会审

在专业初审基础上，由施工总包单位项目部土建技术负责人组织内部技术人员、造价人员和专业施工员对土建部分、装饰部分、给水排水、电气、暖通空调、智能化等专业共同审核，消除图纸差错，对预制构件或部品同现浇（后浇）混凝土相互不协调处认真比对，找出解决思路，对机电安装的各种管线碰撞点进行分析，找到管线碰撞解决办法，协调各专业设计图纸之间的矛盾，形成书面资料。

3. 综合会审

在总承包单位进行图纸会审的基础上，由业主组织总承包方及业主分包方（如机械挖土、深基坑支护、预制构件或部品生产厂家、预制构件运输厂家、室内装饰、建筑幕墙和水电暖通、设备安装）进行图纸综合会审，解决各专业设计图纸相互矛盾问题，深化细化和优化设计图纸，做好技术协调工作。

（二）图纸审查内容

1. 建筑设计方面

装配式建筑方案设计阶段根据建筑功能与造型，规划好建筑各部位采用的工业化、标准化预制混凝土构配件，在方案设计阶段中考虑预制构配件的制作和堆放以及起重运输设备的服务半径情况，在设计过程中统筹考虑预制构件生产、运输、安装施工等条件的制约和影响，并与结构、设备等专业密切配合。装配式混凝土建筑结构的预制外墙板及其接缝构造设计应满足结构、热工、防水、防火及建筑装饰的要求。装配式工程建筑设计要求室外室内装饰设计与建筑设计同步完成，预制构件详图的设计应表达出装饰装修工程所需预埋件和室内水电的点位情况。

2. 结构设计方面

装配式建筑设计在满足不同地域对不同户型的需求的同时，尽量通用化、模块化、规范化程度；明确预制构件的预制率、部品装配率、预制柱（空心柱）、预制梁、预制实心墙（夹心墙）、预制叠合板（实心板）、预制挂板、预制楼梯、预制阳台和其他预制构件的划分状况。结构设计中必须充分考虑预制构件节点、拼缝等部位的连接构造的可靠性，确保装配式建筑的整体稳固安全使用。底层现浇楼层和第一次装配预制构件楼层的首层竖向连接措施是否详细，装配式建筑设计考虑便于预制、吊装、就位和调整的措施，在预制构件设计及构造上，要保证预制构件之间、预制部分与叠合现浇部分的共同工作，构件连接达到等同现浇效果。

3. 审查图纸设计深度

审查构件拆分设计说明、施工需用的预埋预留洞、预制构件加工模板图、预制构件配筋图、构件连接组合图、预制构件饰面层的做法；审查外门窗、幕墙、整体式卫生间、整体式橱柜、排烟道等做法；对于水暖电通及智能化等各个专业，应审查预制构件及部品预留预埋同后浇混凝土中后设置的管线、箱盒是否顺利对接。

四、专项技术交底

专项工程技术交底分为设计交底、专项施工方案交底和施工要点交底三种。

1. 设计技术交底

设计技术交底就是将深化施工图纸中有关预制构件性能、规格进行交底。预制构件中钢筋、混凝土强度交底，预制构件中结构、装饰、水电暖通专业的预留预埋管线、盒箱进行交底，预制构件中连接方式、连接材料性能、现浇结构的做法和细部构造，通过文字或详图形式向作业班组或劳务队进行交底。设计技术交底明细见表8-3。

表8-3 设计技术交底明细

建筑类型	项目	交底要点
装配整体式框架结构	预制柱系统	预留钢筋位置长度、预制柱长度、宽度、重量，键槽构造、预制柱吊点，预制柱斜撑固定点、预留钢筋连接方式
	预制叠合梁系统	叠合梁长度、宽度、重量，叠合梁吊点，叠合梁斜撑固定点、钢筋连接或机械连接方式
	预制叠合板安装系统	叠合板厚度及粗糙面、叠合板吊点、叠合板端搭接尺寸、钢筋板端搭接或锚固长度
	预制外墙挂板安装系统	预埋件设置、预制外墙挂板吊装，钢斜撑固定，连接螺栓固定
装配整体式剪力墙结构	预制剪力墙结构系统	预留钢筋位置长度、预制剪力墙长度、宽度、重量，键槽构造、剪力墙吊点、预留钢筋连接方式
	预制叠合板安装系统	叠合板厚度及粗糙面、叠合板吊点、叠合板端搭接尺寸、钢筋板端搭接或锚固长度
	墙板后浇混凝土及叠合板现浇层安装系统	钢筋规格间距、后浇混凝土配合比或要求，水电暖通线管或线盒位置、后浇混凝土及叠合板现浇

2. 专项施工方案交底

专项施工方案交底内容包括工程概况，拆分和深化设计要求，质量要求，工期要求，施工部署，现场堆放场地要求，运输吊装机械选用，预制构件进场时间、预制构件安装工序安排，预制构件安装竖向和斜向支撑要求，钢套筒灌浆或金属波纹管套筒灌浆、浆锚搭接、钢筋冷挤压接、钢筋焊接接头要求，后浇混凝土钢筋、模板和浇筑要求，工程质量保证措施，安全施工及消防措施，绿色施工、现场文明和环境保护施工措施等。

3. 施工安装要点交底

施工安装要点交底就是将每种做法的工序安排、基层处理、施工工艺、细部构造通过文字或详图形式向作业班组或劳务队进行交底。施工安装要点交底明细见表8-4。

表8-4 施工安装要点交底明细

建筑类型	项目	交底要点
装配整体式框架结构	预制柱系统	预留钢筋位置长度、预制柱长度、宽度、重量，键槽构造、预制柱吊装，预制柱钢斜撑固定、预留钢筋连接方式、钢筋套筒灌浆工艺

建筑类型	项 目	交底要点
装配整体式框架结构	预制叠合梁系统	预制叠合梁长度、宽度、重量、预制叠合梁吊装，预制叠合梁钢斜撑固定、钢筋套筒灌浆或机械连接工艺
	预制叠合板安装系统	预制叠合板厚度及粗糙面、预制叠合板吊装、板端钢筋搭接或锚固长度
	预制外墙挂板安装系统	预埋件设置、预制外墙挂板吊装，钢斜撑固定，连接螺栓固定
装配整体式剪力墙结构	预制剪力墙系统	预留钢筋位置长度、预制剪力墙长度、宽度、重量、键槽构造、预制剪力墙吊装，预制剪力墙斜撑固定方式、预留钢筋连接方式
	预制叠合板安装系统	预制叠合梁长度、宽度、重量、预制叠合梁吊装，预制叠合梁斜撑固定方式、钢筋套筒灌浆或机械连接方式
	预制叠合板安装系统	预制叠合板厚度及粗糙面、预制叠合板吊装、预制叠合板端搭接尺寸、钢筋板端搭接或锚固长度
	墙板后浇混凝土及预制叠合板现浇层系统	后浇混凝土配合比或要求，水电暖通线管或线盒布设、后浇混凝土及叠合板现浇工艺

五、资料管理

装配式建筑项目在施工过程中要做好施工日志、施工记录、隐蔽工程验收记录及检验批、分项、分部、单位工程验收记录等施工资料的编制、收集与整理工作。资料整理应该体现出装配式建筑项目的特点并设置相应的标准表格。

（一）施工技术资料

装配式建筑施工前，应编制专项施工方案，主要包括：有针对性的支撑方案，并报设计单位确认；有针对性的套筒灌浆施工专项施工方案；预制构件吊装专项施工方案。

（二）施工物资资料

预制构件进场验收资料预制构件交付时应提供产品质量证明文件，产品质量证明文件应包括：出厂合格证；主筋试验报告；混凝土抗压强度等设计要求的性能试验报告；梁板类简支受弯构件结构性能检验报告；灌浆套筒型式检验报告（接头型式检验报告 4 年有效）；连接接头抗拉强度检验报告；拉接件抗拔性能检验报告；合同要求的其他质量证明文件。原材料应验收资料，灌浆料、坐浆料、防水密封材料、钢筋原材、连接套筒等材料进场时需提供出厂合格证、厂家提供的抽样检验报告、说明书及现场复试报告等。

（三）施工记录

（1）装配式建筑工程应在连接节点及叠合构件浇筑混凝土前进行隐蔽工程验收，并形成

《隐蔽工程验收记录》，应包括以下项目及主要内容：预制构件与后浇混凝土结构连接处混凝土的粗糙面或键槽，主要内容包括混凝土粗糙面的质量，键槽的尺寸、数量、位置。

（2）后浇混凝土中钢筋工程，内容包括：纵向受力钢筋的牌号、规格、数量、位置；灌浆套筒的型号、数量、位置及灌浆孔、出浆孔、排气孔的位置；钢筋的连接方式、接头位置、接头质量、接头面积百分率、搭接长度、锚固方式及锚固长度；箍筋、横向钢筋的牌号、规格、数量、间距、位置，箍筋弯钩的弯折角度及平直段长度；结构预埋件、螺栓连接、预留专业管线的数量与位置。

（3）预制构件接缝处防水、防火做法。灌浆操作施工应填写《灌浆操作施工检查记录》，灌浆施工过程留存影像资料。

（四）验收资料

装配式建筑工程验收时，除应符合现行国家标准《混凝土结构工程施工质量验收规范》（GB 50204）的有关规定提供文件和记录外，尚应提供下列文件和记录：工程设计文件、预制构件安装施工图和加工制作详图；预制构件、主要材料及配件的质量证明文件、进场验收记录、抽样复验报告；预制构件安装施工记录；钢筋套筒灌浆型式检验报告、工艺检验报告和施工检验记录；后浇混凝土部位的隐蔽工程检查验收文件；后浇混凝土、灌浆料、坐浆材料强度检测报告；外墙防水施工质量检验记录；装配式结构分项工程质量验收文件；装配式建筑项目的重大质量问题的处理方案和验收记录；装配式建筑项目的其他文件和记录。

第四节　装配式建筑项目机械设备管理

机械设备管理就是对机械设备全过程的管理，即从选购机械设备开始，经过投入使用、磨损、补偿，直至报废退出生产领域为止的全过程的管理。

一、机械设备选型

装配式建筑项目施工同全现浇结构项目有较大差异，由于预制构件较多，同时现场仍存在部分现浇混凝土的诸多施工工序，因此，对于施工机械设备选择既要考虑传统混凝土结构模板、钢筋、脚手架等周转运输、混凝土浇筑成型、砌体、砌筑砂浆及水电暖通管材配件运送，更要考虑预制构件数量多、单件重量大、几何尺寸不规整的特点，科学、合理、安全、经济地选用合适的起重吊装机械。

（一）机械设备选型依据

（1）工程特点：根据工程建筑物所处具体地点、平面形式、占地面积、结构形式、建筑物长度、建筑物宽度、建筑物高度等确定机械选型。

（2）项目的施工条件特点：主要是施工工期、现场的道路条件、周边环境条件。其抗开挖深度和范围、基坑支护状况、现场平面布置条件、施工工序等确定起重吊装机械位置的设置。

（3）预制构件特点：根据建筑物的预制装配本和构件数量、重量、长度、最终就位位置确定起重吊装机械选型。

（4）其他材料兼顾特点：现浇混凝土使用需要的钢架管、模板、钢筋、木材、砌体等也要兼顾考虑起重吊装机械。

（5）工程量：根据建设工程需要加工运输的工程量大小，决定选用的设备型号。

（二）机械设备选型的原则

（1）适应性：施工机械与建设项目的实际情况相适应，即施工机械要适应建设项目的施工条件和作业内容。工程项目预制率高低是确定起重吊装机械规格型号的关键。

（2）高效性：通过对机械功率、技术参数的分析研究，在与项目条件相适应的前提下，尽量选用生产效率高、操作简单方便的机械设备。

（3）稳定性：选用性能优越稳定、安全可靠、操作简单方便的机械设备。避免因设备经常不能运转而影响工程项目的正常施工。

（4）经济性：在选择工程施工机械时，必须权衡工程量与机械费用的关系。尽可能选用低能耗，易保养维修的施工机械设备。

（5）安全性：选用的施工机械的各种安全防护装置要齐全、灵敏可靠。此外，在保证施工人员、设备安全的同时，应注意保护自然环境及已有的建筑设施，不致因所采用的施工机械设备及其作业而受到破坏。

（6）综合性：有的工程情况复杂，仅仅选择一种起重机械工作有很大的局限性，可以根据具体工程实际选用多种起重吊装机械配合使用，充分发挥每种机械的优势，达到经济、适用、高效、综合的目的。

（三）施工机械需用量的计算

施工机械需用量根据工程量、计划期内的台班数量、机械的生产率和利用率按下式计算确定。

$$N=P/（W×Q×K_1×K_2）$$

式中，N——需用机械数量；

　　　P——计划期内的工作量；

　　　W——计划期内的台班数量；

　　　Q——机械每台班生产率（即单位时间机械完成的工作量）；

　　　K_1——工作条件影响系数（因现场条件限制造成的）；

　　　K_2——机械生产时间利用系数（指考虑了施工组织和生产实际损失等因素对机械生产效率的影响系数）。

（四）吊运设备的选型

装配式建筑，一般情况下采用的预制构件体型重大，仅凭人工很难对其加以吊运、安装，通常情况下我们需要采用大型机械吊运设备完成构件的吊运、安装工作。主要吊运设备有移动式汽车起重机和塔式起重机，其他垂直运输设施主要包括物料提升机和施工升降机，其中施工升降机既可承担负责物料的垂直运输，也可承担施工人员的垂直运输。在实际施工过程中应合理地使用吊装设备，使其优缺点互补，便于更好地完成各类构件的装卸、运输、吊运、安装工作，取得最佳的经济效益。若预制构件几何尺寸小、重量较轻，也可采用楼面移动式小吊机等自行研制的实用型吊装机械进行吊装。

1. 移动式汽车起重机选择

在装配式建筑施工中，对于吊运设备的选择，通常会根据设备造价、合同周期、施工现场环境、建筑高度、构件吊运质量等因素综合考虑确定。一般情况下，在低层、多层装配式建筑施工中，预制构件的吊运安装作业通常采用移动式汽车起重机，当现场构件需二次倒运时，也可采用移动式汽车起重机。移动式汽车起重机的优点是吊机位置可灵活移动，进出场方便。

2. 塔式起重机选择

塔式起重机选择应考虑工程规模、吊次需求、覆盖面积、起重能力、经济要求等多方面因素。根据最重构件位置、最远构件重量、卸料场区、构件存放场地位置综合考虑，确定塔式起重机型号及位置，还应考虑群塔作业的影响。根据结构形状、场地情况、施工流水情况进行塔式起重机布置，与全现浇结构施工相比，装配式结构施工前更应注意对塔式起重机的型号、位置、回转半径的策划，根据拟建建筑物所在位置与周边道路、卸车区、存放区位置关系，结合最重构件安装位置、存放位置来确定，以满足装配式建筑项目的施工作业需要。

（1）塔式起重机是当前装配式结构现场使用的主要起重机械，塔式起重机选型首选取决于装配式建筑的工程规模、建筑物高度、平面形状、预制构件最大重量和数量等，比如，小型多层装配式建筑工程，可选择小型的经济型塔式起重机。高层建筑的塔式起重机选择，宜选择与之相匹配的起重机械，因垂直运输能力直接决定结构施工速度的快慢，要对不同塔式起重机的差价与加快进度的综合经济效果进行比较，要合理选择。

（2）塔式起重机应满足吊次的需求。

塔式起重机吊次计算：由于当前装配式构件吊装及就位要求精度高，操作人员熟练程度差，还需就位临时固定及钢筋连接处坐浆及孔道灌浆，一般塔式起重机的竖向构件吊次为每构件一个吊次按 30 min 考虑，水平构件就位时还需精细调整临时固定，吊次为每构件一个吊次按 15 min 考虑，每个综合台班约为 24 吊次。计算时可按所选塔式起重机所负责的区域，每月计划完成的楼层数，统计需要塔式起重机完成的垂直运输的实物量，合理计算出每月实际需用吊次，再计算每月塔式起重机的理论吊次（根据每天安排的台班数），当理论吊次大于实际需用吊次即满足要求，当不满足时，应采取相应措施，如增加每日的施工班次，增加吊装配合人员，塔式起重机尽可能地均衡连续作业，提高塔式起重机利用率。

（3）塔式起重机覆盖面的要求。

塔式起重机型号决定了塔式起重机的臂长幅度，布置塔式起重机时，塔臂应覆盖堆场构件，避免出现覆盖盲区，减少预制构件的二次搬运。对含有主楼、裙房的高层建筑，塔臂应全面覆盖主体结构部分和堆场构件存放位置，裙楼力求塔臂全部覆盖。当出现难以解决的楼边覆盖时，可考虑采用临时租用汽车起重机解决裙房边角垂直运输问题，不能盲目加大塔式起重机型号，应认真进行技术经济比较分析后再确定方案。

（4）最大起重能力的要求。

在塔式起重机的选型中应结合塔式起重机的尺寸及起重荷载特点进行确定。塔式起重机最大起重能力，具体应考虑最大起重量和起重幅度，应根据其存放的位置、吊运的部位，距塔中心的距离，确定该塔式起重机是否具备相应起重能力。重点考虑工程施工过程中，最重的预制构件对塔式起重机吊运能力的要求，确定塔式起重机方案时应留有余地，塔式起重机吊点的最远距离处预制构件重量应小于塔式起重机允许起重量，最重预制构件位置处应小于塔式起重机允许半径。塔式起重机不满足吊重要求，必须调整塔式起重机型号或基座位置，使其满足使用要求。

（5）工作幅度及高度。

塔式起重机选择主要根据最大起重量、起吊高度和每个工作台班起吊班次等因素综合考虑。目前工程中预制剪力墙重量最大达到 7 t 以上，预制叠合底板重量则在 1.5～2.5 t，预制梁最大则达 5 t 左右，预制柱最大 15 t 左右，均远大于现浇施工方法的材料单次吊装重量。为满足 100 m 左右的高度、覆盖范围 50 m 左右的高层施工吊装要求，塔机端部起重量不应低于 2.5 t，并且应布置至少两台以完成较重构件的吊装；也可以选用端部起重量在 4 t 左右的一台塔式起重机完成吊装任务。而对于更大跨度的覆盖范围，则其端部起重量则应根据塔式起重机数量和工程进度安排等实际情况选择。

（6）经济要求。

塔式起重机从经济角度选择，应从机械单台价格、进出场安拆费、月租金、工人工资等考虑。

二、机械设备使用管理

在工程项目施工过程中，要合理使用机械设备，严格遵守项目的机械设备施工管理规定。

（一）日常检查管理制度

（1）持证制度：施工机械操作人员必须经过技术考核合格并取得操作证后，方可独立操作该机械，严禁无证操作。

（2）"三定"制度：主要施工机械在使用中实行定人、定机、定岗位责任的制度。

（3）安全交底制度：严格实行安全交底制度，使操作人员对施工要求、场地环境、气候等安全生产要素有详细的了解，确保机械使用安全。

（4）交接班制度：在采用多班制作业、多人操作机械时，应执行交接班制度。应包含交接工作完成情况、机械设备运转情况、备用料具、机械运行记录等内容。

（5）技术培训制度：通过进场培训和定期的过程培训，使操作人员做到"四懂三会"，即懂机械原理、懂机械构造、懂机械性能、懂机械用途，会操作、会维修、会排除故障。

（6）日常维护保养工作制度。

① 日常维护保养是保证起重机械安全、可靠运行的前提，在起重机械的日常使用过程中，应严格按照随机文件的规定，定期对设备进行维护保养。

② 设备管理部门应严格执行设备的日检、月检和年检，即每个工作日对设备进行一次常规的巡检，每月对易损零部件及主要安全保护装置进行一次检查，每年至少进行一次全面检查，保证设备始终处于良好的运行状态。

③ 维护保养工作可由起重机械司机、管理人员和维修人员进行，也可以委托具有相应资质的专业单位进行。检查中发现异常情况时，必须及时进行处理，严禁设备带故障运行，所

有检查和处理情况应及时进行记录。

（7）起重机械检查制度。

起重机械使用单位要经常对在用的起重机械进行检查、维修、保养，并制订定期检查管理制度，包括日检、周检、月检、年检，对起重机随时进行动态监测，有异常情况及时发现，及时处理，从而保障起重机械安全运行。

（二）机械设备的进厂检验

施工项目总承包企业的项目经理部，对进入施工现场的所有机械设备的安装、调试、验收、使用、管理、拆除退场等负有全面管理的责任。因此项目经理部无论是企业自有或者租赁的设备，还是分包单位自有或者租赁的设备，都要进行全面检查。

三、塔式起重机安全管理

（1）对塔式起重机操作司机和起重工做好安全技术交底，加强个人责任心，每一台塔式起重机，必须有 1 名以上专职、经培训合格后持证上岗的指挥人员。指挥信号明确，必须用旗语或对讲机进行指挥。塔式起重机应由专职人员操作和管理，严禁违章作业和超载使用，宜采用可视化系统操作和管理预制构件吊装就位工序。

（2）塔式起重机与输电线之间的安全距离应符合要求。塔式起重机与输电线的安全距离达不到规定要求的，通过搭设非金属材料防护架来进行安全防护。

（3）塔式起重机在平面布置的时候要绘制平面图，当多台塔式起重机在同一工程中使用时，相邻塔式起重机之间的吊运方向、塔臂转动位置、起吊高度、塔臂作业半径内的交叉作业要充分考虑相邻塔式起重机的水平安全距离，由专业信号工设限位响加强彼此之间的安全控制。

（4）当同一施工地点有两台以上塔式起重机时，应保持两机间任何接近部位（包括起重物）距离不得小于 2 m。

（5）动臂式和尚未附着的自升式塔式起重机，塔身上不得悬挂标语牌。夜间施工，要有足够的照明。

（6）坚持"十不吊"。作业完毕，应断电锁箱，搞好机械的"十字"作业工作。十不吊的内容如下：斜吊不吊；超载不吊；散装物装得太满或捆扎不牢不吊；吊物边缘无防护措施不吊；吊物上站人不吊；指挥信号不明不吊；埋在地下的构件不吊；安全装置失灵不吊；光线阴暗看不清吊物不吊；六级以上强风不吊。

（7）塔式起重机安全操作管理规定如下：

①塔式起重机起吊前应对吊具与索具检查，确认合格后方可起吊。

②塔式起重机使用前，应检查各金属结构部件和外观情况完好，现场安装完毕后应按有关规定进行试验和试运转，空载运转时声音正常，重载试验制动可靠。

③塔式起重机在现场安装完毕后应重新调节好各种保护装置和限位开关。各安全限位和保护装置齐全完好，动作灵敏可靠。塔式起重机传动装置、指示仪表、主要部位连接螺栓、钢丝绳磨损情况、供电电缆等必须符合有关规定。

④多台塔式起重机同时作业时，要听从指挥人员必须保持往同一方向放置，不能随意旋

转，塔式起重机的转向制动，要经常保持完好状态。当塔式起重机进行回转作业时，要密切留意塔式起重机起吊臂工作位置，留有适当的回转位置空间。

⑤ 机械出现故障或运转不正常时应立即停止使用，将吊物降落到安全地点，严禁吊物长时间悬挂在空中。前端设置明显标志，应及时停机维修，绝不能带"病"转动。

⑥ 预制构件吊装时，应根据预先设置的吊点挂稳吊钩，零星材料起吊时，应用吊笼或钢丝绳绑扎牢固。在吊钩提升、起重小车或行走大车运行到限位装置前，均应减速缓行到停止位置，并应与限位装置保持一定距离，严禁采用限位装置作为停止运行的控制开关。

⑦ 操作各控制器时，应依次逐步操作，严禁越挡操作。在变换运转方向时，应将操作手柄归零，待电机停止转动后再换向操作，力求平稳，严禁急开急停。

⑧ 起重吊装作业中，操作人员临时离开操纵室时，必须切断电源。起重吊装作业完毕后，起重臂应转到顺风方向，并松开回转制动器、小车及平衡重置于非工作状态，吊物宜升到距离起重臂顶端 2～3 m 处。应将每个控制器拨回零位，依次断开各开关，关闭操纵室门窗，断开电源总开关，打开高空指示灯。

思考题

1. 简述装配式建筑项目资源管理包含的内容。
2. 与传统全现浇结构项目相比，装配式建筑施工作业增加了哪些工种？
3. 简述构件管理员的主要职责。
4. 预制构件运输管理要做好哪些工作？
5. 简述预制构件场地存放的一般规定。
6. 简述图纸会审步骤与内容。
7. 简述专项技术交底的分类及内容。
8. 简述装配式项目施工机械设备选型依据和原则。
9. 如何加强机械设备使用管理？

第九章 装配式建筑项目风险管理

装配式建筑处于推进和发展的初期，还没被市场普遍认可，发展过程中受到很多因素制约，装配式建筑相关政策的不完善，各参与主体对装配式建筑认识不足，缺乏装配式建筑的设计、施工及管理经验，技术、管理人才及产业工人缺乏，造成了装配式建筑的风险问题较传统现浇建筑更为突出，有必要对装配式建筑的风险进行深入分析，以提高各参与主体对装配式建筑的认识，从而更好地迎接装配式建筑技术和管理的变革升级带来的挑战。

第一节 装配式建筑项目风险分析

一、风险及风险量

风险指的是损失的不确定性，对建设工程项目管理而言，风险是指可能出现的影响项目目标实现的不确定因素。

风险量反映不确定的损失程度和损失发生的概率。若某个可能发生的事件其可能的损失程度和发生的概率都很大，则其风险量就很大，如图 9-1 中的风险区 A。若某事件经过风险评估，它处于风险区 A，则应采取措施，降低其概率，即使它移位至风险区 B；或采取措施降低其损失量，即使它移位至风险区 C；风险区 B 和 C 的事件则应采取措施，使其移位至风险区 D。

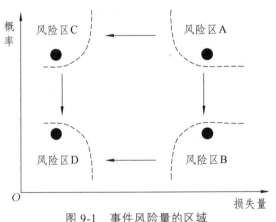

图 9-1 事件风险量的区域

二、项目的风险类型

装配式建筑项目的风险有如下几种类型。

（一）组织风险

组织风险包含以下内容：

（1）组织结构模式，装配式建筑宜采用 EPC 管理模式；

（2）工作流程组织；

（3）任务分工和管理职能分工；

（4）业主方及预制构件生产厂人员的构成和能力；

（5）设计人员和监理工程师的能力；

（6）承包方管理人员和一般技工的能力；

（7）施工机械操作人员的能力和经验；

（8）损失控制和安全管理人员的资历和能力等。

（二）经济与管理风险

经济与管理风险包含以下内容：

（1）宏观和微观经济情况；

（2）工程资金供应的条件；

（3）合同风险；

（4）现场与公用防火设施的可用性及其数量；

（5）事故防范措施和计划；

（6）人身安全控制计划；

（7）信息安全控制计划等。

（三）工程环境风险

工程环境风险包含以下内容：

（1）自然灾害；

（2）岩土地质条件和水文地质条件；

（3）气象条件；

（4）引起火灾和爆炸的因素等。

（四）技术风险

技术风险包含以下内容：

（1）工程勘测资料和有关文件；

（2）工程设计文件；

（3）工程施工方案；

（4）工程物资；

（5）工程机械等。

三、装配式建筑风险分析

（一）装配式建筑目标风险

从装配式建筑的内涵来看，装配式建筑的目标体系除传统的项目管理质量、成本和工期目标，以下统称为经济目标外，还需要强调环境目标、安全健康目标和社会目标等。

装配式建筑的质量不仅要求保证结构的承载力、稳定性、抗震性能和耐久性，还要求技术体系创新、集成，满足消费者较高的生活品质要求。装配式建筑全生命周期成本除包括一般意义上的建造成本外，还包括增量成本（装配式构件生产、运输及安装所增加的成本）和运行成本即管理成本、能耗成本、维修成本、维护成本及残值。

装配式建筑的环境目标主要包括节水、节材、节地、节时和节能及环境保护，即"五节一环保"。安全健康目标包括建筑产品形成过程及建筑产品使用和维护过程中的安全和健康。社会目标包括生产方式及管理方式的转型升级和装配式建筑的可持续发展目标。

（二）环境系统风险

环境系统风险是根源，它会引起其他所有风险，包括外部环境风险和内部环境风险系统。内部环境系统风险主要体现在实施过程风险；而外部环境风险来源于项目外部，主要包括政策制度、经济技术、社会市场和自然环境。

（三）管理系统风险

管理系统风险具体体现在管理者的素质、组织结构、管理过程及管理者的观念、态度和行为准则。管理系统风险对装配式建筑项目的经济目标、安全目标、环境目标以及社会目标产生影响，但是管理系统风险对装配式建筑项目的经济和安全目标的影响比技术系统风险大。装配式建筑是技术升级的结果，是从多个维度对行业的整体提升，若要实现预期目标，必须同时快速提升管理水平，从而达到与装配式建筑技术相匹配的程度，在实现技术创新的同时，完成管理创新。

（四）技术风险

技术风险主要有技术不足风险、技术开发风险及技术取得和使用风险。例如：

1. 建设单位

安全生产文明施工措施费用较难配足；建设单位自供的预制构件，生产安全、生产进度保障往往难以监管。

2. 设计单位

目前注重构件本身设计，未介入施工安全、施工影响、施工深化等方面，吊点、附墙点、拉结点设置、地下室顶板加固等较多设计未考虑或确认，现场服务、指导缺失。

3. 监理单位

监理的内容、与施工进度的匹配度等与传统的不同。

4. 施工单位

施工单位的工艺流程，尤其总包和专业分包的管理界面设定应调整，日常巡视仅靠安全员已难以满足要求，应注重各岗位协调、配合和衔接。同时，施工现场预制构件堆放、临时支撑设置、驳运、吊装、现场防护、工序衔接等诸多关键环节的安全风险识别、策划和监控力度不足。

技术系统风险同样会对装配式建筑项目的经济目标、安全目标、环境目标以及社会目标产生影响。环境目标和社会目标受技术系统风险的影响较管理系统风险要大。装配式建筑是生产方式变革，技术创新是基础，是实现装配式建筑目标系统的前提。管理系统是项目目标实现的保障，只有将传统的项目驱动式的被动管理，提升到与装配式建筑相匹配的统筹考虑全生命周期的精益管理，才能有效保障装配式建筑目标实现，真正实现建筑业的转型升级。

（五）行为主体系统风险

行为主体系统风险涉及设计、业主、生产、承包、监理等单位。装配式建筑强调设计、生产、施工一体化。设计是牵引，是实现装配式建筑环境目标和社会目标的关键；生产制造直接决定了能否顺利装配施工，对装配式建筑经济和安全目标的影响较大；而作为项目投资人和决策者的业主以及项目具体实施者的承包人对项目各目标能否均有较大影响，监理对经济目标和安全目标的实现是重要的保障。

业主是项目的投资人，业主的投资决策和管理水平直接影响项目的各目标尤其是环境目标和社会目标的实现。设计技术是龙头，在起点上决定装配式建筑是否具有优越性，也是装配式建筑的"五节一环保"的环境目标以及"三个一体化"可持续发展的社会目标能否实现的关键。装配式建筑构件生产是精细的集成制造，是制造业和建筑业的融合，对经济目标和安全目标实现起关键性作用，当然采用驻厂监造是目标实现的保障。承包单位是项目的具体实施者，对项目各目标的实现均起重要作用。

（六）实施过程风险

实施过程风险是内部环境风险、管理系统风险和技术系统风险的具体体现，装配式建筑实施过程可分为：投资决策阶段、设计阶段、预制构件生产运输阶段、施工装配阶段、运营维护阶段。装配式建筑实施过程风险系统的风险因素，详见表9-1。

表9-1　实施过程风险因素、相关行为主体及对项目目标的影响

阶 段	风险因素	风险类型	相关行为主体	对项目目标影响
投资决策阶段	缺乏装配式建筑的专业咨询顾问	管理系统风险	业主、设计、承包	经济、安全、环境、社会
	缺乏装配式技术经济的可行性分析	技术系统风险	业主	经济、安全、环境、社会
	缺乏可建造性评估和风险评价	技术系统风险	业主	经济、安全、环境、社会
	市场需求预测有偏差	技术系统风险	业主	经济、社会

阶段	风险因素	风险类型	相关行为主体	对项目目标影响
投资决策阶段	项目目标定位模糊	技术系统风险	业主	经济、安全、环境、社会
	项目所需资金缺乏	管理系统风险	业主	经济、安全
	政府部门效率低及审批程序繁杂	管理系统风险	业主	经济
设计阶段	设计不规范	管理系统风险	设计	经济、安全、环境、社会
	缺乏装配式建筑一体化设计经验	技术系统风险	设计、生产、承包	经济、安全、环境、社会
	设计未能体现装配式建筑的优越性	技术系统风险	设计、生产、承包	经济、安全、环境、社会
	设计未考虑全生命周期	技术系统风险	设计、生产、承包	经济、安全、环境、社会
	设计可施工性差	技术系统风险	设计、生产、承包	经济、安全、环境、社会
	设计不能因地制宜	技术系统风险	设计、承包	经济、安全、环境、社会
	设计信息化融合度差	技术系统风险	设计	经济、社会
	设计审查及图纸会审不到位	管理系统风险	业主、设计、承包、监理	经济
预制构件生产运输阶段	构件生产单位不具备保证质量要求的生产工艺设施和试验检测条件	技术系统风险	生产	经济
	构件生产单位质量安全管理体系和监控制度不完善	管理系统风险	生产	经济、安全
	制作前未深刻理解构件加工图	技术系统风险	设计、生产	经济
	原材料或配件质量检验不到位或记录不完整	管理系统风险	生产	经济、安全
	构件生产没有编制详细的生产方案	技术系统风险	生产	经济
	混凝土浇筑前未能对预制构件进行隐蔽工程验收	管理系统风险	生产	经济、安全

阶 段	风险因素	风险类型	相关行为主体	对项目目标影响
预制构件生产运输阶段	没有建立首件验收制度	管理系统风险	业主、生产、承包、监理	经济、安全
	构件出厂质量证明文件不完整	管理系统风险	生产	经济、安全
	未制定构件存放和吊装运输的专项方案	技术系统风险	生产	经济
	构件堆放质量安全保证措施不到位	管理系统风险	生产	经济、安全
	构件运输质量安全保证措施不到位	管理系统风险	生产	经济、安全
	运输车辆未满足构件尺寸或载重要求	管理系统风险	生产	经济、安全
	运输过程中未能充分考虑市政道路限高、限重问题	管理系统风险	生产	经济、安全
	未建立构件可追溯的编码标识系统和信息管理系统	管理系统风险	生产、业主、承包、监理	经济、社会
	预制构件资料管理不到位	管理系统风险	生产、承包、监理	经济、社会
施工装配阶段	承包商缺乏装配式建筑施工技术及管理经验	管理系统风险	承包	经济、安全、环境、社会
	缺乏施工组织设计和施工方案	技术系统风险	承包、监理	经济、安全
	未能充分理解安装节点详图	技术系统风险	设计、承包	经济、安全
	施工质量安全技术交底不到位	管理系统风险	承包、监理	经济、安全
	未能制定经济合理的垂直运输方案	技术系统风险	承包、监理	经济、安全
	现场缺乏相匹配的工具化、标准化工装系统	技术系统风险	承包	经济、安全
	安装前未复核吊装设备的吊装能力	技术系统风险	承包、监理	经济、安全
	未制定场内运输道路规划	技术系统风险	承包、监理	经济、安全
	构件安装所用材料和配件进场检验不规范	管理系统风险	业主、承包、监理	经济、安全

阶　段	风险因素	风险类型	相关行为主体	对项目目标影响
施工装配阶段	预制构件进场验收不规范	管理系统风险	生产、业主、承包、监理	经济、安全
	节点隐蔽工程验收不规范	管理系统风险	业主、承包、监理	经济、安全
	承包商报价不准	技术系统风险	承包	经济
	分包商技术及管理能力差	管理系统风险	承包	经济、安全
	缺乏有装配式监理经验的人员	管理系统风险	业主、监理	经济、安全、环境、社会
	业主要求变更	管理系统风险	业主、设计、承包、监理	经济、社会
	施工过程中各参与单位协调不畅	管理系统风险	业主、设计、承包、监理	经济、社会
	未使用信息化管理手段或信息化管理水平低	管理系统风险	业主、承包、监理	经济、社会
运营维护阶段	缺乏有经验的物业公司	管理系统风险	业主	环境、安全、社会
	消费者对装配式建筑认知不足	管理系统风险	业主	环境、社会
	缺乏合理科学的维护	管理系统风险	业主	经济、安全、环境、社会
	装配式建筑综合性能不如预期	技术系统风险	业主、设计、承包、监理	经济、安全、环境、社会
	社会效益不如预期	技术系统风险	业主	社会
	保修期技术风险	技术系统风险	业主、承包	经济、社会

实施过程风险直接来源于技术系统风险和管理系统风险，技术系统和管理系统风险主要由行为主体系统引起，上述各种风险的最终表现是目标系统风险。进一步分析实施过程风险中技术系统风险因素和管理系统风险因素，以及分析风险因素对项目目标的影响和相关的行为主体，以明确各参与方在装配式建筑项目风险管理中的作用和责任。

表9-1分析了来源于管理系统风险、技术系统的实施过程风险，并具体分析了相关的行为主体及对项目目标的影响。表中经济目标为质量、成本和工期目标的总称。相关行为主体主要有业主、设计、构件生产企业、承包商和监理。

第二节 装配式建筑项目风险控制

一、风险控制原则

（一）事前控制

在装配式建筑项目的风险管理中，企业应遵循事前、事中以及事后控制的原则。所谓事前控制就是在施工之前要细致分析装配式建筑项目的风险因素，针对一些常见安全问题提出相应的方案，保证工程施工安全。如果事前风险控制工作做得不充分，一旦产生风险，将造成严重后果，影响项目目标的实现。

（二）事中控制

企业对装配式建筑项目风险进行事中控制的重点在于控制项目实施过程中的风险。装配式建筑项目是以构配件的运输、堆放、检验及安装等过程为主线的，提高施工人员的技术水平，并充分配备起重吊装设备，严格执行各项安全施工规范、规程，以保证装配式建筑项目的质量和进度。

（三）事后总结

事后及时总结风险控制的经验教训的目的在于更好地指导今后装配式项目风险管理实践。建筑装配式建筑的发展尚不成熟，比传统现浇结构项目存在更多、更大的风险，企业往往缺乏风险管理的经验。

二、项目风险管理程序

风险管理是为了达到一个组织的既定目标，而对组织所承担的各种风险进行管理的系统过程，其采取的方法应符合公众利益、人身安全、环境保护以及有关法规的要求。风险管理包括策划、组织、领导、协调和控制等方面的工作。

风险管理程序是指对项目风险进行系统的循环的工作过程，其包括风险识别、风险评估、风险响应以及风险监控等四个阶段见图9-2。

图9-2 风险管理程序的动态循环性

三、项目风险管理

项目的参与方都应建立各自的风险管理体系，明确各层管理人员的相应管理责任，以减少项目实施过程中的不确定因素对项目的影响。

（一）项目风险识别

1. 风险识别的程序

项目管理机构应在项目实施前识别实施过程中的各种风险。项目风险识别的任务是识别项目实施过程存在哪些风险，其工作程序包括：

（1）收集与项目风险有关的信息；

（2）确定风险因素；

（3）编制项目风险识别报告。

2. 风险识别的内容

风险识别的内容包括：

（1）工程本身条件及约定条件：

（2）自然条件与社会条件；

（3）市场情况；

（4）项目相关方的影响：

（5）项目管理团队的能力。

3. 项目风险识别报告

项目风险识别报告应由编制人签字确认，并经批准后发布。项目风险识别报告应包括下列内容：

（1）风险源的类型、数量：

（2）风险发生的可能性：

（3）风险可能发生的部位及风险的相关特征。

（二）项目风险评估

1. 项目风险评估工作内容

（1）利用已有数据资料（主要是类似项目有关风险的历史资料）和相关专业方法分析各种风险因素发生的概率；

（2）分析各种风险的损失量，包括可能发生的工期损失、费用损失，以及对工程的质量、功能和使用效果等方面的影响；

（3）根据各种风险发生的概率和损失量，确定各种风险的风险量和风险等级。

2. 风险评估的方法

（1）根据已有信息和类似项目信息采用主观推断法、专家估计法或会议评审法进行风险发生概率的认定；

（2）根据工期损失、费用损失和对工程质量、功能、使用效果的负面影响进行风险损失量的估计；

（3）根据工期缩短、利润提升和对工程质量、安全、环境的正面影响进行风险效益水平的估计。

3. 风险评估报告风险评估后应出具风险评估报告

风险评估报告应由评估人签字确认.并经批准后发布。风险评估报告应包括下列几点：

（1）各类风险发生的概率；

（2）可能造成的损失量或效益水平、风险等级确定；

（3）风险相关的条件因素。

（三）项目风险响应

项目风险响应指的是针对项目风险的对策进行风险响应。常用的风险对策包括风险规避、减轻、自留、转移及其组合等策略。对难以控制的风险，向保险公司投保是风险转移的一种措施。项目风险对策应形成风险管理计划。

1. 风险管理计划编制依据

风险管理计划编制依据包括以下几点：

（1）项目范围说明：

（2）招投标文件与工程合同；

（3）项目工作分解结构；

（4）项目管理策划的结果；

（5）组织的风险管理制度；

（6）其他相关信息和历史资料。

2. 风险管理计划的内容

风险管理计划的内容包括以下几点：

（1）风险管理目标；

（2）风险管理范围；

（3）可使用的风险管理方法、工具以及数据来源；

（4）风险分类和风险排序要求；

（5）风险管理的职责和权限；

（6）风险跟踪的要求；

（7）相应的资源预算。

项目管理机构应在项目管理策划时确定项目风险管理计划。项目风险管理计划应根据风险变化进行调整，并经过授权人批准后实施。

（四）风险监控

风险监控就是对工程项目风险的监视和控制，根据风险监视过程中反馈的信息，在风险事件发生时实施预定的风险应对计划处理措施。

1. 风险预测

项目风险监控中应收集和分析与项目风险相关的各种信息，获取风险信号，预测未来的风险并提出预警，预警应纳入项目进展报告，并采用下列方法：

（1）通过工期检查、成本跟踪分析、合同履行情况监督、质量监控措施、现场情况报告、定期例会，全面了解工程风险；

（2）对新的环境条件、实施状况和变更，预测风险，修订风险应对措施，持续评价项目风险管理的有效性。

2. 风险监视

项目在风险管理过程中应对可能出现的潜在风险因素进行监控，跟踪风险因素的变动趋势。

3. 风险控制

风险管理中应采取措施控制风险的影响，降低损失，提高效益，防止负面风险的蔓延，确保工程的顺利实施。

四、风险管理案例

某装配式建筑项目对风险进行识别、分析、制定对策，见表9-2。

表9-2 某装配式建筑项目风险防范

内容	原因分析	计划采取的对策
工期风险	① 现场及加工场主材进场不及时； ② 分包单位人员变动加大，人员投入不足，班组间交接工作不及时	① 提前提报材料计划，及时跟踪采购过程； ② 加强对分包管理，要求投入足够的人员配备； ③ 加强对班组交接工作的跟踪控制
质量风险	合同拟定条款：因承包人原因工程质量达不到约定的质量标准，承包人承担违约责任	① 建立完善的质量保证体系，加强工程质量管理。 ② 加强材料采购关、验收关及使用，一是要符合图纸设计要求，二是要符合国家材料质量规范要求，三是要符合业主特殊要求。进场材料合格证、试验报告等要齐全有效。材料应复验合格后才能使用。 ③ 注意工程各种资料的收集整理，积极申报
技术风险	本工程作为全预制装配技术的样板工程，加工厂构件生产及现场吊装对技术要求高	① 测量人员必须及时持证上岗，测量工作必须认真细致，误差在允许范围之内； ② 进场后必须及时与甲方办理测量主控点书面交接手续，并进行复核； ③ 现场定位后，在现场设置明显标志桩，并采取措施防止破坏或移位； ④ 建立由项目经理领导、执行经理中间控制、质量员现场检查，作业人员自检的多级测量质量管理系统。所有原始测量资料必须整理存档； ⑤ 加强控制将施工测量偏差控制在许可范围内； ⑥ 深基坑支护、钢结构、玻璃幕墙、室内精装修、金属屋面、房间净空尺寸等方面风险对策：科学编制施工方案（具有可操作性、针对性），技术交底工作到位，加强过程控制，建立专项质量验收制度，根据规定的各分部分项专项验收表格进行检查验收

内容	原因分析	计划采取的对策
安全风险	① 本工程施工作业范围广； ② 职工素质不高，安全防范意识不强	① 建立完善的安保系统； ② 进场后对所有职工进行安全生产教育，建立安全个人档案，签订安全责任目标书； ③ 确保安全生产的投入，个人劳动保护用品要满足生产安全要求； ④ 现场料具堆放整齐，标号、规格、型号要分清，施工道路清洁、畅通，无积水、垃圾等； ⑤ 施工机械要进行日检查制度； ⑥ 职工宿舍、办公室、食堂等布置要合理，保持整洁卫生； ⑦ 围墙、大门符合公司统一形象布置，外架要符合安全生产要求，充分展示企业形象； ⑧ 加强分包队伍的安全管理； ⑨ 购买职工团队团体保险
工程索赔签证风险	① 工程变更的有效性、时效性； ② 工程变更签证的管理	① 项目技术员接到工程变更内容后，在第一时间分析是否与经济有关，确认与经济有关后，同时转送项目预算员进行经济核算，核算后及时返给项目技术员，分析按此价格能否完成，并符合合同要求，如不能完成，要及时找甲方代表进行磋商； ② 对所有的变更按合同要求，在规定时间内，及时办理有效手续，确保变更的有效性； ③ 项目技术员、预算员要对所有的变更进行系统保管，并按时间顺序建立台账，防止竣工结算时遗漏
业主行为特点风险	业主各项事情办理程序复杂，办理效率缓慢，影响项目效益	加强同政府相应部门的沟通，针对不同人采取不同方式，克服困难把各项事情办好
不可抗力风险	各项目部人员认真研究合同规定的不可抗力条款	施工组织策划中注意规避风险，尽量将不可抗力带来的损失降到最低
管理风险	① 内部管理人员的团结协作； ② 业主、监理单位的配合； ③ 外部质监、环保、公安、市容等监察监督部门	① 加强内部管理人员的沟通，重点以公司规章制度为准则展开内部管理工作； ② 与业主、监理等单位保持良好的工作关系，尊重他人工作，有争议及时纠正处理； ③ 保持与监察监督部门经常性的沟通、联系

内容	原因分析	计划采取的对策
付款风险	合同规定付款方式，业主能否按节点及时兑现是风险	加强与业主、监理沟通与协调，在付款节点将临时提前上报要款申请，提前走程序
民扰和扰民风险	本工程周边动迁、回迁的居民，法律意识、维权意识强烈	对周边动迁、回迁的居民采取安抚措施，尽量考虑其方便；因工程需要不得不扰民，尽量提前做好解释和安抚工作
施组及方案认可风险	施工方案应兼顾技术与经济措施，保证方案的有效性	① 编制施工方案时应考虑周全，兼顾技术与经济合理；② 方案经上级部门审核无误后报监理（业主），经监理（业主）批准后作为现场施工及工程结算依据
资金风险	业主的资金或则其他原因引起的停工及损失	若发生业主的资金或其他原因引起的停工及损失，要及时收集索赔证据和旁证资料，按照索赔程序索赔
竣工风险	工程分包、竣工资料、竣工验收以及竣工结算引起的风险	① 加强业主直接分包管理，对单位工程竣工担负总包责任；② 提前整理竣工资料，并交相关部门检查，资料提前实体验收合格；③ 工程达到竣工验收条件，提前15天向业主提交书面通知；④ 组织完善的竣工结算书，竣工一旦完成，迅速介入结算程序，并主动与审计单位加强沟通，妥善处理各种争议

思考题

1. 简述装配式建筑项目的风险类型。
2. 简述风险控制原则。
3. 简述项目风险管理程序。
4. 试分析装配式项目中存在的风险因素。

第十章　装配式建筑项目信息化管理

装配式建筑预制构件的生产、运输、吊装的信息化管理需要将 BIM 技术、物联网技术、大数据和云技术等综合起来。其中 BIM 技术是基础，物联网是纽带，大数据是核心，云技术是平台。

第一节　装配式建筑项目 BIM 技术应用

一、BIM 的概念

BIM 是建筑信息模型（Building Information Modeling）的英文简称，是指基于先进三维数字设计解决方案所构建的可视化的数字建筑模型。BIM 技术是一种应用于工程设计、建造、管理的数据化工具，通过对建筑的数据化、信息化模型整合，在项目策划、运行和维护的全生命周期过程中进行共享和传递，使工程技术人员对各种建筑信息做出正确理解和高效运用，为设计团队以及包括建筑、运营单位在内的各方建设主体提供协同工作的基础，在提高生产效率、节约成本和缩短工期方面发挥重要作用。

BIM 的核心是通过建立虚拟的建筑工程三维模型，利用数字化技术，为这个模型提供完整的、与实际情况一致的建筑工程信息库（见图 10-1）。该信息库不仅包含描述建筑物构件的几何信息、专业属性及状态信息，还包含了非构件对象（如空间、运动行为）的状态信息。借助这个包含建筑工程信息的三维模型，大大提高了建筑工程的信息集成化程度，从而为建筑工程项目的相关利益方提供一个工程信息交换和共享的平台。装配式建筑 BIM 模型提供的可视化信息如图 10-2 ~ 图 10-4、表 10-1 所示。

装配式建筑核心是"集成"，BIM 则是"集成"的主线，串联设计、生产、施工、装修和管理全过程，服务于设计、建设、运维、拆除全生命周期，可数字化仿真模拟，信息化描述系统要素，实现信息化协同设计、可视化装配，工程量信息交互和节点连接模拟及检验等全新运用，整合建筑全产业链，实现全过程、全方位信息化集成。

二、BIM 技术在装配式建筑项目管理中应用

装配式建筑"设计、生产、装配一体化"的实现需要设计、生产、装配过程的 BIM 技术应用。通过 BIM 一体化设计技术、BIM 工厂生产技术和 BIM 现场装配技术的应用，设计、生产、装配环节的数字化信息会在项目的实施过程中不断地产生，实现了协同。下面重点介绍 BIM 技术在装配式建筑施工管理阶段中的运用。

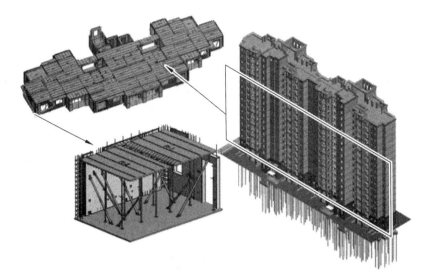

图 10-1　某项目的 BIM 模型

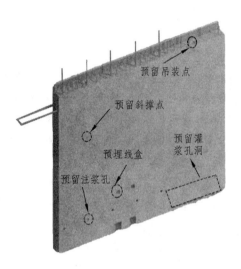

预制墙板		
墙板信息	组成部分	材料用途
	梁	钢筋混凝土
	非剪力墙	钢筋混凝土
	剪力墙	钢筋混凝土
	100 厚泡沫板	挤塑聚苯板
	各种连接件	机械连接灌浆套筒 注浆波纹管 支撑用内置螺母 吊钉 预埋线管和线盒
	预留孔洞	预留灌浆孔和注浆孔 预留吊装孔

图 10-2　BIM 模型提供可视化信息

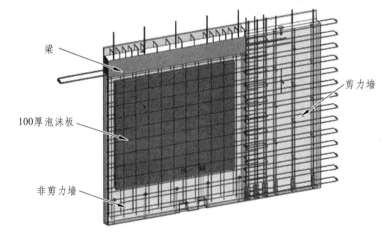

图 10-3　剪力墙

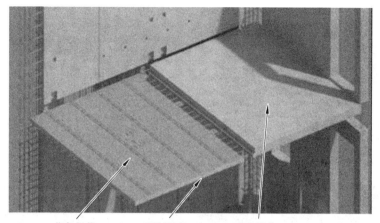

桁架钢筋　　　　预制楼板　　　　现浇部分

图 10-4　预制楼板构造

表 10-1　预制楼板信息

预制楼板		
	组成部分	材料用途
墙板信息	预制楼板	钢筋混凝土
	桁架钢筋	三级钢筋
	电气预埋	PVC 线管、预埋线盒
	现浇部分	钢筋混凝土
	预留孔洞	预留吊装孔、预留安装支护孔

（一）施工模拟

通过 BIM 可以对装配式建筑项目的重点或难点部分进行施工模拟，按月、日、时进行施工安装方案的分析优化。对于一些重要的施工环节或采用新施工工艺的关键部位、施工现场平面布置等施工指导措施进行模拟和分析，以提高计划的可行性。借助 BIM 对施工的模拟，项目管理方能够非常直观地了解整个施工安装环节的时间节点和安装工序，并清晰把握在安装过程中的难点和要点，施工方也可以进一步对原有安装方案进行优化和改善，以提高施工效率和施工方案的安全性。基于 BIM 的施工场地管理即在施工前通过计算机虚拟施工场地布置，模拟主要施工机械的施工过程，在满足塔吊吊运范围覆盖整个施工面的同时，尽量减少起重臂交叉。可以模拟施工现场安全突发事件，完善施工现场安全管理预案，排除安全隐患，从而避免和减少质量安全事故的发生。利用 BIM 技术还可以对施工现场的场地布置和车辆开行路线进行优化，减少预制构件、材料场地内二次搬运，提高垂直运输机械的吊装效率，加快装配式建筑的施工进度。

如图 10-5 所示，通过 BIM 技术对施工进行模拟，可以起到指导现场预制构件安装作业的作用。通过 BIM 模型模拟构件安装，检验构件由安装→支撑固定→灌浆→节点钢筋绑扎→节点封堵等前后工序的合理性。如图 10-6 所示，通过 BIM 模型模拟构件安装顺序，检验钢筋碰撞，指导构件安装。

图 10-5　墙体构件安装模拟

图 10-6　构件安装模拟与钢筋碰撞检查

（二）成本控制

BIM 是一个富含工程信息的数据库，可以真实地提供造价管理需要的工程量信息，借助这些信息，计算机可以快速对各种构件进行统计分析，大大减少了烦琐的人工操作和潜在错误，非常容易实现工程量信息与设计方案的完全一致。通过 BIM 获得的准确的工程量统计可以用于施工开始前的工程量预算和施工完成后的工程量决算。

基于 BIM 的动态施工成本控制即在 3D 模型的基础上加上时间、成本形成 5D 的建筑信息模型，通过虚拟施工看现场的材料堆放、工程进度、资金投入量是否合理，及时发现实际施工过程中存在的问题，优化工期、资源配置，实时调整资源、资金投入，优化工期、费用目标，形成最优的建筑模型，从而指导下一步施工。

在该系统中，首先，需建立 BIM 模型，并在 BIM 模型中输入和项目有关的所有信息，主要包括构配件的基本信息（如名称、规格和型号、供应商）；其次，在三维模型的各个构件上加上时间参数和成本计划，形成 BIM 5D 模型；再次，利用计算机依据附加的时间和成本参数进行 BIM 的 5D 虚拟施工展示，通过虚拟建造，可以检查进度或成本计划是否合理，各种逻辑关系是否准确，及时发现施工过程中可能出现的各种问题和风险，并针对出现的问题对模型和计划进行修改和调整，进而优化 BIM 模型，调整进度和成本计划，将优化完成的模型进行虚拟建造，如果进行虚拟施工后没有发现问题，则可以指导实施。

根据装配式建筑的特点，BIM 模型可将关联的建筑信息进行有效分类、保存，使项目信息形成了一个有机整体，设计师可以随时通过模型导出所需的信息报表，如：进行门窗统计表、部品数量统计表、各类预制件混凝土体积统计、构件种类统计等。通过分类统计进行快速的工程量分析，实现对成本的初步控制，见图 10-7。

<钢筋明细表>

B / A	C 钢筋体积	D 钢筋直径	E 钢筋长度	F 起点的弯钩	G 终点的弯钩	H 总钢筋长度
5760 mm	1465.74 cm³	18 mm	5760 mm	无	无	5760 mm
5760 mm	1465.74 cm³	18 mm	5760 mm	无	无	5760 mm
5760 mm	1465.74 cm³	18 mm	5760 mm	无	无	5760 mm
5760 mm	1465.74 cm³	18 mm	5760 mm	无	无	5760 mm
5760 mm	886.68 cm³	14 mm	5760 mm	无	无	5760 mm
5760 mm	886.68 cm³	14 mm	5760 mm	无	无	5760 mm
5760 mm	886.68 cm³	14 mm	5760 mm	无	无	5760 mm
5760 mm	886.68 cm³	14 mm	5760 mm	无	无	5760 mm
5760 mm	886.68 cm³	14 mm	5760 mm	无	无	5760 mm
5760 mm	886.68 cm³	14 mm	5760 mm	无	无	5760 mm
460 mm	5601.59 cm³	8 mm	1990 mm	抗震箍筋/箍筋	抗震箍筋/箍筋	111440 mm
460 mm	4025.26 cm³	8 mm	1430 mm	抗震箍筋/箍筋	抗震箍筋/箍筋	80080 mm
5760 mm	886.68 cm³	14 mm	5760 mm	无		5760 mm
160 mm	3912.67 cm³	0 mm	1390 mm	抗震箍筋/箍筋	抗震箍筋/箍筋	77840 mm
460 mm	5629.73 cm³	8 mm	2000 mm	抗震箍筋/箍筋	抗震箍筋/箍筋	112000 mm
360 mm	4503.79 cm³	8 mm	1600 mm	抗震箍筋/箍筋	抗震箍筋/箍筋	89600 mm
660 mm	6192.71 cm³	8 mm	2200 mm	抗震箍筋/箍筋	抗震箍筋/箍筋	123200 mm
5780 mm	1809.56 cm³	20 mm	5780 mm	无	无	5780 mm
5780 mm	1809.56 cm³	20 mm	5780 mm	无	无	5780 mm
5780 mm	1809.56 cm³	20 mm	5780 mm	无	无	5780 mm
5780 mm	1809.56 cm³	20 mm	5780 mm	无	无	5780 mm
5780 mm	1809.56 cm³	20 mm	5780 mm	无	无	5780 mm
5780 mm	1809.56 cm³	20 mm	5780 mm	无	无	5780 mm
5760 mm	886.68 cm³	14 mm	5760 mm	无	无	5760 mm
5760 mm	886.68 cm³	14 mm	5760 mm	无	无	5760 mm
5760 mm	886.68 cm³	14 mm	5760 mm	无	无	5760 mm

图 10-7　钢筋明细表

此外，利用 BIM 技术可以很好地应对施工过程中的各种变更。当施工过程中设计发生变更时，利用 BIM 将变更关联到模型中，同时反映出工程量以及造价的变更，使决策者更清楚设计的变更对造价的影响，及时调整资金筹措和投入计划。

（三）进度控制

建筑施工是一个高度动态的过程，随着建筑工程规模不断扩大，复杂程度不断提高，使得施工项目管理变得极为复杂。通过将 BIM 与施工进度计划相链接，将空间信息与时间信息整合在一个可视的 4D（3D+时间）模型中，可以直观、精确地反映整个建筑的施工过程，如图 10-8 所示。施工模拟技术可以在项目建造过程中合理制定施工计划，精确掌握施工进度，优化使用施工资源以及科学地进行场地布置，对整个工程的施工进度、资源和质量进行统一管理和控制，以缩短工期、降低成本、提高质量。

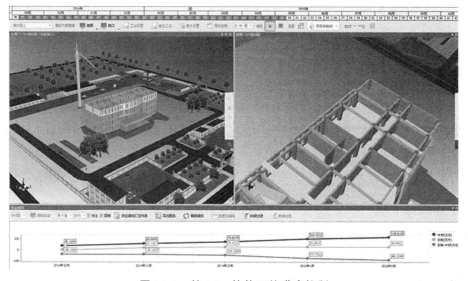

图 10-8　某 BIM 软件下的进度控制

（四）可视化技术交底

可视化交底即在各工序施工前，利用 BIM 技术虚拟展示各施工工艺，尤其对新技术、新工艺以及复杂节点进行全尺寸 3D 展示，有效减少因人的主观因素造成的错误理解，使交底更直观、更容易理解，使各部门之间的沟通更加高效，见图 10-9。

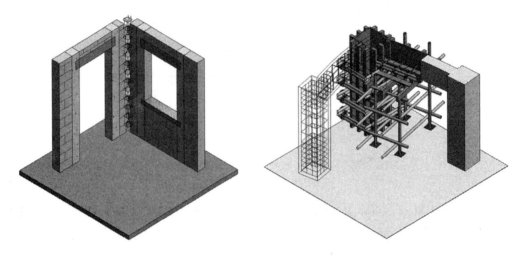

图 10-9　可视化交底

（五）质量管理

实现在同一 BIM 模型上的建筑信息集成，BIM 服务贯穿整个工程全生命周期过程。一方面，可以实现住宅产业信息化；另一方面，可以将生产、施工及运维阶段的实际需求及技术整合到设计阶段，在虚拟环境中预演现实，真正实现 BIM 信息化应用的信息集成优势。通过在预制构件中预埋芯片等数字化标签，在生产、运输、施工、管理的各个重要环节记录相应的质量管理信息，可以实现建筑质量的责任归属，从而提高建筑质量。

（六）竣工模型交付

建筑作为一个系统，当完成建造过程准备投入使用时，需要先对建筑进行必要的测试和调整，以确保它可以按照当初的设计来运营。在项目完成后的移交环节，物业管理部门需要得到的不只是常规的设计图纸、竣工图纸，还需要能正确反映真实设备状态、材料安装使用情况等与运营维护相关的文档和资料。BIM 能将建筑物空间信息和设备参数信息有机地整合起来，从而为业主提供完整的建筑物全局信息。通过 BIM 与施工过程记录信息的关联，甚至能够实现包括隐蔽工程资料在内的竣工信息集成，不仅为后续的物业管理带来便利，并且可以在未来进行的翻新、改造、扩建过程中为业主及项目团队提供有效的历史信息，见图 10-10。

（七）信息化管理

BIM 信息化技术与云技术相结合，可以有效地将信息在云端进行无缝传递，打通各部门之间的横向联系，通过借助移动设备设置客户端，可以实时查看项目所需要的信息，真正实现项目合作的可移动办公，提高项目的完成精度。

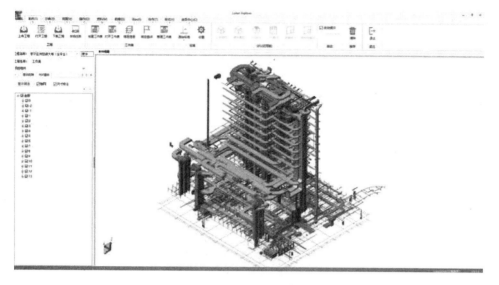

图 10-10　BIM 竣工模型

第二节　装配式建筑项目物联网技术应用

美国麻省理工学院（MIT）最早在 1999 年提出物联网"Internet of things（IoT）"概念。物联网指的是将各种信息传感设备，如射频识别装置（RFID）、红外感应器、全球定位系统（GPS）、激光扫描器等装置或系统，与互联网结合起来而形成的一个巨大网络系统。目的是让所有的物品都通过网络连接在一起，系统可以自动地、实时地对物体进行识别、定位、追踪、监控并发出相应的工作指令。

一、装配式建筑物联网系统

装配式建筑物联网系统是以单个部品（构件）为基本管理单元，以无线射频芯片（RFID及二维码）为跟踪手段，以工厂部品生产、现场装配为核心，以工厂的原材料检验、生产过程检验、出入库、部品运输、部品安装、工序监理验收为信息输入点，以单项工程为信息汇总单元的物联网系统。

物联网的功能特点：

（1）部品钢筋网绑定拥有唯一编号的无线射频芯片（RFID 及二维码），做到单品管理；每个部品（构件）上嵌入的 RFID 芯片和粘贴的二维码相当于给部品（构件）配上了"身份证"，可以通过该"身份证"对部品的走向了解得一清二楚，可以实现信息流与实物流的快速无缝对接。

（2）系统是集行业门户、企业认证、工厂生产、运输安装、竣工验收、大数据分析、工程监理等为一体的物联网系统。

二、物联网在装配式建筑项目管理中的应用

物联网可以贯穿装配式建筑施工与管理的全过程，实际上从深化设计开始就已经将每个构件唯一的"身份证"——ID 识别码编制出来，为预制构件生产、运输、存放、装配、施工包括现浇构件施工等一系列环节的实施提供关键技术基础，保证各类信息跨阶段无损传递、高效使用，实现精细化管理，实现可追溯性。比如，用手机扫描图 10-11 中的二维码，可以得到构件的各种信息，见图 10-12。本节重点介绍物联网在装配式建筑施工阶段的应用。

图 10-11　构件二维码

图 10-12　构件信息

（一）预制构件运输

构件码放入库后，根据施工顺序，将某一阶段所需的预制构件提出、装车，这时需要用读写器一一扫描，记录下出库的构件及其装车信息。运输车辆上装有 GPS，可以实时定位监控车辆所到达的位置。到达施工现场以后，扫码记录，根据施工顺序卸车码放入库。

运用物联网技术实现物料跟踪管理。通过物流信息传输，施工方可以自动完成构件的清点，简化了接收与搬运的工作量。对于运输车辆的实时智能跟踪，能够实时掌握构件运输的

情况，有助于降低运输过程中损坏、丢失，保证运输过程的安全性和及时性；同时，利用物联网技术，还可以在质量验收时及时记录反馈问题，快速定位，对不符合质量及参数要求的构件及时返厂。

运用 RFID 技术有助于实现物料需求的精确管理。根据现场的实际施工进度，迅速将信息反馈到构件生产工厂，调整构件的生产计划，减少待工待料的发生。根据施工顺序编制构件生产运输计划。利用 BIM 和 RFID，能够准确地对构件的需求情况做出判断，减少因提前运输造成构件的现场闲置或信息滞后造成构件运输迟缓。同时，施工现场信息的及时反馈也可以对构件预制厂的构件生产起指导作用，进而更好地完成建造目标。

（二）构件装配施工管理

在装配式建筑的装配施工阶段，BIM 与 RFID 结合使用可以发挥两方面的作用，一方面是构件存储管理，另一个方面是工程的进度控制。两者的结合可以实现对构件的存储管理和施工进度控制的实时监控。另外，在装配式建筑的施工过程中，通过 RFID 和 BIM 将设计、构件生产、吊装施工各阶段紧密地联系起来，不但解决了信息创建、管理、传递的问题，而且 BIM 模型、三维图纸、装配模拟、采购制造运输存放安装的全程跟踪等手段为工业化建造方法的普及也奠定了坚实的基础，对于实现建筑工业化有极大的推动作用。

1. 装配施工阶段构件的管理

在装配式建筑的施工管理过程中，应当重点考虑两方面的问题：一是构件入场的管理，二是构件吊装施工中的管理。在此阶段，以 RFID 技术为主追踪监控构件存储吊装的实际进程，并以无线网络即时传递信息，同时配合 BIM，可以有效地对构件进行追踪控制。使用 RFID 标签最大的优点在于其无接触式的信息读取方式，在构件进场检查时，甚至无需人工介入，直接设置固定的 RFID 阅读器，只要运输车辆速度满足条件，即可采集数据。

（1）预制构件进场堆放阶段。

构件运送到施工现场后需要暂时堆放在堆场，在这一阶段需要对构件的日常养护、监控和定位，堆放顺序应严格按照施工安装顺序。构件到达堆场后需要掌握构件的基本信息，随时检查储存状态。登记构件的具体堆放位置，保证在需要进行安装时能够准确、快速找到目标构件。

（2）预制构件安装阶段。

RFID 技术不仅能够实现构件实时定位，还能对构件安装进度和质量进行监控。由于每个构件在安装时都会同时携带与其对应的技术文件和 RFID 标签，安装工程师可依据技术文件和 RFID 标签中的信息，将构件与安装施工图一一对应，RFID 标签包括构件编号、连接工程项目编号、连接工程技术标准等基本信息。

2. 工程进度控制

在进度控制方面，BIM 与 RFID 的结合应用可以有效地收集施工过程进度数据，利用项目进度管理软件，如 P3、MS Project 等，对数据进行整理和分析，并可以应用 4D 技术对施工过程进行可视化的模拟。然后，将实际进度数据分析结果和原进度计划相比较，得出进度偏差量。最后，进入进度调整系统，采取调整措施加快实际进度，确保总工期不受影响。

在施工现场，可利用手持或固定的 RFID 阅读器收集标签上的构件信息，管理人员可以及时地获取构件的存储和吊装情况的信息，并通过无线感应网络及时传递进度信息。获取的进度信息能够以 Project 软件 mpp 文件的形式导入到 Navisworks Manage 软件中进行进度的模拟，并与计划进度进行比对，可以很好地掌握工程的实际进度状况。

第三节　装配式建筑项目智慧工地

一、智慧工地的含义

智慧工地，是立足于"智慧城市"和"互联网+"，采用云计算、大数据和物联网等技术手段，针对所收集的信息特点，结合不同的需求，构建信息化的施工现场一体化管理解决方案。智慧工地是建立在高度信息化基础上的一种支持对人和物全面感知、施工技术全面智能、工作互通互联、信息协同共享、决策科学分析、风险智慧预控的新型信息化手段，围绕人、机、料、法、环等关键要素，可大大提升工程质量、施工安全，节约成本，提高施工现场决策能力和管理效率，实现工地的数字化、精细化、智慧化，见图 10-13。

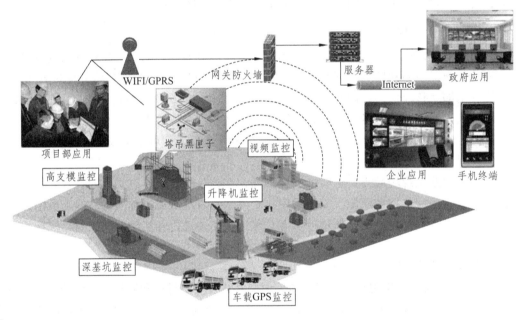

图 10-13　智慧工地示意图

智慧工地作为促进建筑行业发展创新的重要技术手段，它的应用与推广将为建筑业的科技进步与转型升级产生无可估量的影响。同时也为企业的发展带来巨大的效益，大大提高建筑工程管理的信息化和智能化，使工程的质量和效率显著提高，减少污染，减少浪费，提高效率。促进建筑行业技术提升与创新，以及生产方式转变与升级，推动管理模式变革与创新，使得建筑业循序渐进地向绿色生态可持续方向优化发展。通过智慧工地与建筑信息模型（BIM）系统的整合，实现项目资源信息与基础空间数据的结合，构造一个信息共享、集成的、综合的工地管理和决策支持平台，实现经济和社会效益的最大化。

二、建设智慧工地的意义

1. 提高施工现场作业的工作效率

通过 BIM、云计算、大数据、物联网、移动应用和智能应用等先进技术的综合应用，让施工现场感知更透彻、互通互联更全面、智能化更深入，大大提升现场作业人员的工作效率。

2. 增强工程项目的精益化管理水平

有助于实现施工现场"人、机、料、法、环"各关键要素实时、全面、智能的监控和管理，有效支持现场作业人员、项目管理者、企业管理者各层协同和管理工作，提高了施工质量、安全、成本和进度的控制水平，减少浪费，保证工程项目成功。

3. 提升行业监管和服务能力

及时发现安全隐患，规范质量检查、检测行为，保障工程质量，实现质量溯源和劳务实名制管理，促进诚信大数据的建立，有效支撑行业主管部门对工程现场的质量、安全、人员和诚信的监管和服务。

三、智慧工地应用内容

智慧工地的内容涵盖质量管理、资料管理、进度管理、安全管理、施工管理、费用管理、人员管理等各个层面，随着智慧工地应用的不断完善，智慧工地的管理内容将更加广泛。

（一）人员管理

基于互联网的劳务实名制管理、用工管理、考勤管理、行为管理、人员培训教育管理，以及一卡通、电子支付体系建设的人员管理，从而避免用工风险以及劳务纠纷等问题的发生。

劳务实名制管理系统采用互联网思维，以大数据、云计算、物联网等新兴信息技术为手段，以劳务实名制管理为突破口，以提高行业劳务管理水平为目标，逐步推动行业实现建筑工人的职业化、劳务管理的数字化、资源服务的社会化和政府监管的法治化。通过云平台系统分析，精确掌握工人考勤情况、各工种上岗情况，实现对施工现场劳务人员的动态管理，提升了企业信息化管理水平。来宾、访客等也可经过登记审批持临时卡进出。由于采用实名制管理，劳务人员通过刷卡进、出施工场地，由劳务管理系统实时记录（见图 10-14），使得施工总承包单位能够与劳务单位之间进行劳务人员的考勤核实，为劳务人员工资结算提供真实的考勤依据，避免劳务纠纷，见图 10-15。

近些年来，一些工地上以实名制管理为基础，逐渐开始采用人脸识别系统、智能安全帽系统、实名制二维码管理（见图 10-16）、安全帽定位系统等，有效提高了现场人员管理水平，给项目管理者提供科学的现场管理和决策依据。此外，工地还可以建造智能安全体验教育中心，通过 VR 技术进行技术及安全操作培训及考试，做到培训合格后上岗，见图 10-17。

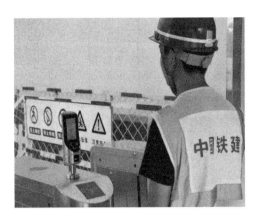

图 10-14　劳务实时管理　　　　　　　　　图 10-15　人脸识别

图 10-16　实名制二维码　　　　　　　　　图 10-17　VR 技术培训

（二）安全监控管理

现场安全管控是利用软件技术和现场实际布置情况对人员进出、施工操作、灾害发生等状况进行预演、管控，从而达到规范化、智能化管理的目的。

1. 塔吊安全监控管理

通过平台实现远程监控、远程报警功能，从而合理、安全的使用塔吊，避免塔机碰撞、塔机超载、塔机倾翻事故的发生。通过高频/超高频射频卡或生物识别技术对施工人员进行身份识别，从而避免非正规人员操作、上岗等问题。通过传感器实时监控升降机速度、高度、质量等参数进行监控，避免超载等问题，并对异常情况进行声光报警，保证升降机安全运行。升降机安全监控系统的基本功能：工况数据采集与显示功能、声光预警及报警功能、超载限制功能、力矩限制保护功能、操作员身份识别功能、防碰撞功能、防倾翻功能、本地数据存储功能、无线通信（ZIGBEE+GPRS）、GIS 远程监控管理平台、违规操作短信告警功能。

2. 吊钩可视化

通过在塔式起重机吊钩上安装的摄像头，变幅传感器及高度传感器，连接操作室内的主机，实现对塔吊变幅和高度进行实时监测，从而现对吊钩位置的智能追踪，360°无死角追踪拍摄，危险状况随时可见，降低隔山吊安全隐患。如图 10-18 所示。

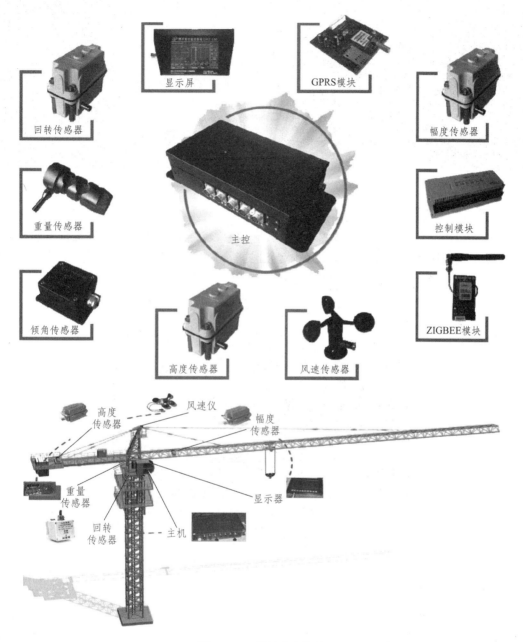

图 10-18　塔吊安全监控

3. 防火监测报警

　　红外热成像防火监测报警系统能够在监视画面上显示物体温度场，可在火灾发生前发出声光警报从而预防火灾。也可以采用烟感防灾报警系统，在施工现场加工区、材料堆放区、易发生火灾隐患区域安装烟感探测器，监测现场烟雾浓度。探测器内置芯片可实时上传监测数据至智慧工地监管云平台，当现场发生火灾事故时，系统自动发出警报并发送短信提醒负责人，项目部人员能够迅速响应，及时组织人员疏散和做出后续应急措施，见图 10-19。

图 10-19　烟感报警系统

4. 防汛报警系统

为提高防汛应急处置能力，减少水灾损失，项目设置防汛报警系统，在地面安装雨量传感器，实时监测降水量、降水强度、降水起止时间，并上传监测信息至云平台。降水量一旦超过设定值，报警器自动报警，见图 10-20。

图 10-20　某项目上的防汛监测系统

5. 视频监控管理

智慧工地中的远程监控，不仅是在施工场地及周围装几个摄像头，然后在项目部成立一个监控室，对施工场地进行监控。而是通过互联网，使建设单位、施工单位、监理单位、建设主管部门通过手机应用和电脑端，实时了解施工现场的进展情况，做到透明施工。相比传统的监控管理，智慧工地的视频监控系统就有着明显的优势：可以利用各种设备端（如手机）随时随地查看监控施工作业情况、人员安全情况及工程质量情况等；项目管理人员可对监控视频进行录入、回放、导出等操作，发现违规行为可以及时予以制止；视频监控系统与其他系统无缝对接，如门禁、报警、物联网传感器、数字化数据等无缝、实时叠加在视频上，各种数据实时存于录像中，方便以后查验；通过视频监控和智能分析，判断主要出入口或特定场所工作人员是否佩戴安全帽，当检测到未戴安全帽时立即报警，降低安全事故；识别是否有非工作人员，在重点区域部署徘徊监测功能，当发现有异常徘徊人员时主动触发报警，见图 10-21。

图 10-21　视频监控

6. 卸料平台监控管理

通过重量传感器实时监控卸料平台的超载情况并提供声光报警，避免可能发生的事故，如倾覆和坠落等。

7. 安全疏散模拟

项目部在 BIM 技术运用基础上，制作安全疏散模拟视频，根据实际情况提前演练，提高人员疏散处理能力。

（三）环境管理

1. 扬尘噪声监控

通过在现场特定位置安装放置的扬尘噪声监控设备，对颗粒物 PM10、PM2.5、颗粒物、温度、湿度、风速、风向、噪声等数据进行实时监测。通过计算机、手机应用行实时查看，现场可设 LED 屏幕进行数据显示，见图 10-22。

图 10-22　扬尘、噪声监测系统

2. 降尘喷淋

降尘喷淋系统与扬尘噪声监控等设备控制联动。当现场出现 PM10、PM2.5 颗粒物超标后，管理人员可通过手动、定时方式进行现场喷淋作业，提高工地施工环境。喷淋控制器可对接雾炮喷淋、围挡喷淋多种喷淋设备，支持平台远程操控，见图 10-23。

图 10-23　降尘喷淋系统

3. 天气预报

通过气象局公开的天气预报，提供未来 24 小时及未来 15 天的天气预报，包含天气、气温、PM2.5、PM10、风速等数据信息，方便相关人员依据天气变化提前做出应对。

4. 红外线感应节能照明

为节约能源，延长临时照明灯具使用寿命，减少检修维护费用，降低施工成本，项目在地下施工现场配置红外线感应照明系统。通过红外线开关感应照明区域内有无人员作业，自动开关照明电源，同时还可以结合视频监控系统进行远程操控，分时、分段控制地下照明区域，见图 10-24。

图 10-24　节能照明

（四）工程进度管理

结合 BIM 模型进度计划相关数据，智慧工地平台实时获取模型数据，并根据模型导出对应工序进度计划，按照项目分工设置确定责任人，由责任人每日汇报进度情况，并反馈至 BIM 系统生成进度模型，进而展示工程实时进度模型，见图 10-25。

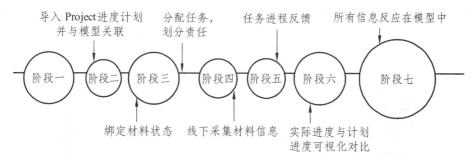

- 任务执行人接收任务，移动端查看内容
- 每日任务完成情况移动端进行录入
- 任务完成，实际工作完成时间反馈至节点中

图 10-25　进度跟踪管理

（五）质量管理

统计汇总不同岗位管理人员的例行巡检记录详情，以及巡检日志中需整改审批的事件，可实现上报、整改、验收及罚款的业务流操作，实时掌握事件类型、图文详述、领导批示、整改进程等，以便项目的质量监管。质量管理主要应用以下技术：

1. 三维激光扫描技术

通过高速激光扫描测量，可以快速、大量采集空间点位信息。项目利用三维激光扫描技术所得成果，与 BIM 结构模型进行对比，检验土建结构施工误差，并在 BIM 模型上做相应调整，达到局部及重要区域精准施工，见图 10-26。

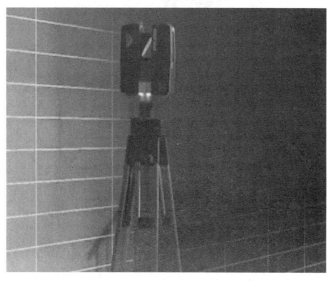

图 10-26　三维激光扫描

2. 机器人放样技术

机器人放样技术建立在 BIM 模型基础上，对支吊架打孔点批量快速定位，在节省人工的同时，提高施工效率，保证施工精准性。

3. 3D 打印技术

3D 打印技术即快速成型技术，在机电安装复杂节点中可大量采用，在立体化效果和对节点的体现上有较大优势。项目实施低成本 3D 模型打印，获得复杂节点的缩尺实物，用于施工现场技术交底，见图 10-27。

图 10-27　3D 打印

4. 激光放线

项目将传统人工弹线改为激光器放线，更加精准快速，见图 10-28。

图 10-28　激光放线

5. 三维施工交底

项目借助 3D 虚拟技术呈现技术方案，使施工重点、难点部位可视化，提高了技术交底效率，也保证了施工成品质量。

6. 质量安全巡检

针对施工现场出现的问题进行拍照记录，实时反映施工进展情况；同时，需要针对各个问题进行跟踪和整改记录，确保整个管理记录完整性和管理过程可追溯性。

（六）物料管理

物料验收管理实现大宗物资进出场称重全方位管控，通过为工地地磅称重系统加装传感器及摄像机，在材料车辆进出场称重时，对称重数据进行自动记录、拍照、数据挂钩及上传，自动形成材料进出场报表，通过物资材料各环节数据的实时反馈，进行统计分析和成本核算，为后续的管理决策提供依据。

物料跟踪管理也结合了电子标签（如 RFID、二维码等），对进场大宗物资、机电设备、钢结构、PC 构件、取样试件等进行物料进度跟踪管理。对材料的进场情况进行实时监控，管理人员能随时了解主要材料的进场情况。如材料目前位于哪里、厂家备货是否充足、构件的加工情况、材料进场需要的运输时间。在机械、设备管理方面，可以根据施工进度计划模拟，合理安排机械、设备的进出场时间。在机械设备进场时，管理人员可以通过二维码附加的信息了解进场机械、设备在建筑物中的位置和使用情况。在机械设备退场时，管理人员通过二维码附加的信息及时找到机械设备，以防丢失和损坏。

（七）工程资料管理

工程资料管理实现了对项目工程资料的管理。用户可以在工程云盘中上传、下载、查阅工程资料文档。同时，只有具备一定权限的才能查看相应权限文件夹下的文件。

通过以 BIM、云计算、物联网、智能设备、大数据等为代表的先进技术的综合应用，建筑施工行业正行驶在"智慧工地"的快车道上，传统的印迹将彻底成为历史，实现"绿色、智能、精益和集约"的精细化管理，实现绿色、智能和宜居的智慧建筑必将成为建筑行业发展的方向。

图 10-29　物料管理

思考题

1. 简述建筑信息模型的含义。
2. 简述 BIM 在设计与施工阶段的应用。
3. 简述 BIM 在构件生产制造阶段的应用。
4. 简述物联网在装配式建筑项目管理中的应用。

参考文献

[1] 范幸义. 装配式建筑[M]. 重庆：重庆大学出版社，2017.

[2] 中华人民共和国住房和城乡建设部. 装配式混凝土结构技术规程：GGJ 1—2014[S]. 北京：中国建筑工业出版社，2014.

[3] 中华人民共和国住房和城乡建设部. 装配式混凝土建筑技术标准：GB/T 51231—2016[S]. 北京：中国建筑工业出版社，2017.

[4] 中华人民共和国国家质量监督检验检疫总局，中国国家标准化管理委员会. 企业安全生产标准化基本规范：CB/T 33000—2016[S]. 北京：中国标准出版社，2016.

[5] 上海隧道工程股份有限公司. 装配式混凝土结构施工[M]. 北京：中国建筑工业出版社，2016.

[6] 郭学明. 装配式混凝土结构建筑的设计、制作与施工[M]. 北京：机械工业出版社，2017.

[7] 郝永池. 绿色建筑与绿色施工[M]. 北京：清华大学出版社，2015.

[8] 王宝申. 装配式建筑建造施工管理[M]. 北京：中国建筑工业出版社，2017.

[9] 济南城乡建设委员会建筑产业化领导小组办公室. 装配整体式混凝土结构工程施工[M]. 北京：中国建筑工业出版社，2015.

[10] 宋亦工. 装配整体式混凝土结构工程施工组织管理[M]. 北京：中国建筑工业出版社，2017.

[11] 陈锡宝. 装配式混凝土建筑概论[M]. 上海：上海交通大学出版社，2017.

[12] 夏锋. 装配式混凝土建筑生产工艺与施工技术[M]. 上海：上海交通大学出版社，2017.

[13] 杨华斌，路军平，吕土芳. 装配式建筑工程造价 [M]. 郑州：黄河水利出版社，2018.

[14] 陈道普. 装配式发展 7 大问题与 7 大对策[J]. 工程质量，2018（8）.

[15] 兰兆红，严伟. 我国装配式建筑当前发展存在的问题及应对建议研究[J]. 价值工程，2017（15）.

[16] 陈燕. 我国装配式建筑全生命周期风险分析[J]. 西昌学院学报（自然科学版），2018（6）.

[17] 李正茂. 装配式建筑发展更离不开"工匠精神"[J]. 中国科技博览，2018（32）.

[18] 叶浩文，周冲，王兵. 当 EPC 模式遇上装配式建筑[J]. 施工企业管理，2018（07）.

[19] 庞业涛. 装配式建筑推行 EPC 总承包管理模式分析[J]. 绿色环保建材，2019（03）.